ÉTUDE GÉOLOGIQUE

SUR LE

PLATEAU LYONNAIS

A L'OCCASION DE L'ÉTABLISSEMENT

DU CHEMIN DE FER DE LYON A VAUGNERAY ET A MORNANT

PAR

ATTALE RICHE

LICENCIÉ ÈS SCIENCES NATURELLES,
PRÉPARATEUR DU COURS DE MINÉRALOGIE ET GÉOLOGIE
A LA FACULTÉ DES SCIENCES DE LYON

LYON

IMPRIMERIE PITRAT AINÉ

4, RUE GENTIL, 4

1887

ÉTUDE GÉOLOGIQUE

SUR LE

PLATEAU LYONNAIS

ÉTUDE GÉOLOGIQUE

SUR LE

PLATEAU LYONNAIS

A L'OCCASION DE L'ÉTABLISSEMENT

DU CHEMIN DE FER DE LYON A VAUGNERAY ET A MORNANT

PAR

ATTALE RICHE

LICENCIÉ ÈS SCIENCES NATURELLES
PRÉPARATEUR DU COURS DE MINÉRALOGIE ET GÉOLOGIE
A LA FACULTÉ DES SCIENCES DE LYON

LYON

IMPRIMERIE PITRAT AINÉ

4, RUE GENTIL, 4

—

1887

ÉTUDE GÉOLOGIQUE

SUR LE

PLATEAU LYONNAIS

INTRODUCTION

On donne généralement le nom de *plateau lyonnais* à cette partie du département du Rhône limitée à l'ouest par la chaîne d'Yzeron; à l'est, par la Saône et le Rhône; au nord, par la vallée de l'Azergues; au sud, par celle du Gier. Ce plateau présente une altitude moyenne de 275 à 300 mètres dans sa partie Est; il se relève de plus en plus vers l'ouest, s'appuyant contre la chaîne qui le limite de ce côté.

Le plateau lyonnais est essentiellement formé de gneiss traversé par des filons de diverses roches granitiques et porphyriques; des alluvions le recouvrent principalement à l'Est.

Les tranchées, nécessitées par l'établissement de la ligne de Lyon à Vaugneray et à Mornant, ont récemment coupé ces diverses formations au sud-ouest de Lyon. L'étude de ces tranchées m'a permis d'observer quelques faits pouvant intéresser la géologie de la région lyonnaise; ce motif m'a engagé à les publier (1).

---

(1) Cette étude que je comptais livrer plus tôt à l'impression, a été retardée par la nécessité où j'ai été, pour avoir l'explication de certains faits, d'attendre l'entier creusement des tranchées du chemin de fer.

La bienveillance que m'a témoignée dès le début de mes explorations M. l'ingénieur Causel, ingénieur de la Compagnie du chemin de fer de Fourvière et Ouest-Lyonnais, m'a encouragé à poursuivre cette étude. Je me fais un devoir de lui en exprimer ici toute ma gratitude.

Je dois aussi remercier M. Alfred Lacroix, élève distingué de MM. Fouqué et Michel-Lévy, de son obligeant empressement à me déterminer microscopiquement plusieurs roches que j'ai confiées à son coup d'œil exercé.

Cette étude se divise en trois parties. La première comprend la description des diverses formations géologiques traversées par le chemin de fer de Lyon à Vaugneray et à Mornant. La seconde traite des principales roches constituant le plateau lyonnais. La troisième est consacrée à une étude plus spéciale des alluvions anciennes de ce plateau, de leurs rapports et de leur âge.

PREMIÈRE PARTIE

Description géologique du chemin de fer de Lyon à Vaugneray et à Mornant.

I. — SECTION DE LYON A VAUGNERAY

La ligne de Lyon à Vaugneray part du quartier de Trion. La tête de ligne est contiguë à la gare supérieure du chemin de fer funiculaire de Lyon-Saint-Just ; elle se trouve à l'altitude de 266 mètres, c'est-à-dire environ 100 mètres au-dessus de la Saône (163 mètres).

La gare de départ est établie sur le versant sud-sud-ouest de la colline de Loyasse et Fourvière (altitude 295 mètres) ; ce versant aboutit à la dépression portant le quartier de Trion (altitude

260 mètres). Le terrain se relève dans la direction sud-sud-ouest pour former l'arête de la colline sur laquelle sont construits les forts de Saint-Irénée et de Sainte-Foy, ainsi que le village de Sainte-Foy. Les points d'altitude maxima de cette arête sont 310, 320, 317 mètres.

La dépression où s'élève le quartier de Trion est une sorte de col, dont profitèrent les ingénieurs chargés d'établir le tunnel devant relier les gares de Perrache et de Vaise (1). En adoptant ce tracé pour le tunnel de Saint-Irénée, les puits d'essai, conservés pour l'aérage, devaient être moins profonds que si la colline eût été percée en un autre point.

La ligne de Vaugneray a entamé la colline de Fourvière. Avant la construction du grand mur de soutènement, on pouvait voir, entre la tête de ligne et le pont de la montée de Loyasse, un lambeau d'alluvions jaunâtres mises à nu sur une longueur de près de 80 mètres et une hauteur de plus de 8 mètres.

Ces alluvions sont constituées par un gravier jaunâtre dans lequel dominent les grès fins et compactes dits *quartzites*. Cette roche éminemment caractéristique, comme on le sait, des alluvions d'origine alpine, constitue environ les trois cinquièmes des cailloux. Le reste comprend surtout des roches feldspathiques dans un état d'altération tellement avancé qu'elles s'effritent sous les doigts et ne peuvent résister au moindre choc; leur feldspath étant presque complètement transformé en kaolin. Ces cailloux de roches feldspathiques altérées, se coupant facilement par le tranchant de l'outil du terrassier, on voyait à la surface de l'escarpement leur section se détacher en blanc sur le reste de la masse jaunâtre. On pouvait également recueillir dans ces alluvions quelques cailloux de silex noirs, blonds, rouges, etc., et de diverses roches siliceuses, noires, compactes et clastiques, à grain de diverses grosseurs. Ce sont ces cailloux qui ont le mieux résisté à l'altération. Les grès-quartzites eux-mêmes, dont la

---

(1) Delaval, *Percement du tunnel de Saint-Irénée (Bulletin de la Société de l'industrie minérale de Saint-Étienne*, 1856, t. I, p. 351).

résistance est bien connue, montrent fréquemment ici une altération plus ou moins profonde du ciment cristallisé réunissant les grains de quartz.

Ces divers cailloux sont emballés dans un sable jaunâtre, très argileux, donnant à toute la masse une certaine cohésion. Ce sable constitue aussi une lentille mince et allongée qui se voyait près de la partie supérieure de cette coupe; c'est une sorte de grès très friable, à ciment argileux et ferrugineux.

Un caractère particulier à ces alluvions jaunâtres est l'absence de calcaire aussi bien dans les cailloux que dans le sable. Ce caractère, de même que l'état général d'altération dont il vient d'être question, s'est montré constant du sommet à la base de cette coupe. La hauteur de celle-ci, en comprenant la profondeur des fondations du mur de soutènement actuel et celle d'une excavation nécessitée par l'existence d'un ancien fossé remblayé, était de plus de 12 mètres.

Les alluvions jaunâtres de la gare de Saint-Just peuvent être prises pour type de celles de la colline de Loyasse et Fourvière. On les reconnaît très nettement dans toutes les excavations creusées dans l'ancien cimetière de Loyasse (altitude 290 mètres). Dans le nouveau cimetière, situé au sud-est de l'ancien, les alluvions sont recouvertes de dépôts morainiques.

Des deux côtés de la coupe d'alluvions de la gare de Saint-Just, butte un lehm assez fossilifère *(Helix, Succinea, Pupa*, etc.). Il devrait même les recouvrir en ce point, si la main de l'homme n'avait considérablement modifié tout ce quartier.

Ce lehm, en effet, se poursuit le long de la ligne, sous les terrains militaires. Sur lui reposaient ces pierres funéraires, ces poteries, ces ossements et autres débris exhumés par la pioche des terrassiers, pour enrichir notre histoire lyonnaise. Les fondations des tombeaux ornant aujourd'hui la place de Choulans étaient établies sur ce lehm.

La voie ferrée, en quittant le quartier de Trion, traverse, sur un remblai, la dépression portant le quartier des Grandes-Terres (altitude 250 mètres). Cette dépression est dominée d'un côté par la colline de Loyasse-Fourvière, et de l'autre par le plateau du Point-du-Jour. Le remblai passe à côté d'un des puits (1) du tunnel de Saint-Irénée. La coupe des terrains traversés par ce puits a été donnée par l'ingénieur Delaval (2), puis par M. Falsan (3). J'en parlerai dans la troisième partie de ce travail.

Le côté ouest des Grandes-Terres est entamé par deux gravières placées à la suite l'une de l'autre, le long du chemin vicinal de Saint-Just à Saint-Simon. Celle le plus au sud, la gravière Canque, s'appuie par le côté contre la ligne de Vaugneray, la dominant.

Sous une épaisseur de 1ᵐ,20 de terre végétale (0,70) et de lehm (0,50), on trouve un gravier incohérent dont la teinte générale est grisâtre. Ce gravier renferme une grande quantité de cailloux calcaires. Les cailloux de roches feldspathiques y semblent moins nombreux que dans le gravier jaunâtre de Trion; mais ceux qui s'y trouvent sont peu ou pas altérés. Les cailloux de diorite, en particulier, sont difficiles à briser et d'une remarquable conservation. Les grès-quartzites sont également en parfait état; avec les calcaires, en proportion à peu près égale, ils forment la majeure partie des cailloux de ces alluvions.

Toute cette masse de cailloux est emballée dans un sable grisâtre, incohérent, plus ou moins abondant suivant la place, à éléments de grosseur variable. Les grains calcaires y semblent en quantité équivalente à celle des cailloux calcaires par rapport à l'ensemble des cailloux.

La partie supérieure de ce gravier offre un commencement d'altération. Le résultat est la disparition des cailloux calcaires, la désagrégation plus ou moins avancée des cailloux de roches feldspathiques, la prédominance des grès-quartzites et une teinte plus jaunâtre de la masse. Il y a comme une vague ressemblance avec le gravier jaunâtre de Trion; mais un fait à remarquer est

(1) Puits n° 2.
(2) Delaval, *op. cit.*, pl. XVI.
(3) Falsan, *Note sur la constitution géologique des collines de Loyasse, de Fourvière et de Saint-Irénée*, 1873, planche, figure 2 (*Mémoires de l'Académie de Lyon*, 1874).

l'altération moins profonde des roches feldspathiques, et une proportion bien moindre d'argile et d'oxyde de fer libre dans le sable
emballant les cailloux. Si l'on s'enfonce dans la masse, on ne tarde
pas à voir apparaître les calcaires, d'abord sous forme de cailloux
rongés irrégulièrement, et devenant de plus en plus nombreux.
A 3 ou 4 mètres de la surface de ce gravier, les cailloux calcaires
sont intacts.

Le gravier de la gravière Canque présente une épaisseur de
15 mètres environ, y compris la partie supérieure altérée. Il
repose sur un sable gris verdâtre, un peu argileux et cohérent,
assez fin, paraissant exclusivement produit par les roches cristallines de la région. Ce sable granitique se montre aussi dans la
gravière Thozet, faisant suite à la première. Il est plus grossier,
plus argileux et plus cohérent que dans la gravière Canque; il
renferme quelques petits fragments de quartz, de pegmatite et de
granulite. On le voit sur une hauteur de 4 mètres environ, avec
une teinte gris verdâtre ou gris rougeâtre, selon la place, mais
son épaisseur totale est inconnue. Il est surmonté par 8 à 10 mètres de gravier grisâtre, semblable à celui de la gravière précédente, mais présentant des parties agglutinées en poudingue par
un ciment calcaire.

En quittant la dépression des Grandes-Terres, la voie pénètre
dans une tranchée montrant, vers son milieu, sur une hauteur de
10 mètres, des alluvions jaunâtres entièrement semblables à celles
de Trion, mais plus argileuses, et offrant en conséquence plus de
cohésion. Elles sont recouvertes par le lehm, sauf dans la partie
la plus élevée de la tranchée où la terre végétale vient immédiatement sur le gravier argileux et ferrugineux. Du côté Est de la
tranchée, le lehm est plus épais ; il présente une sorte de couche
discontinue pétrie de coquilles. Voici la liste de ces fossiles soumis
à l'examen compétent de M. Locard :

Succinea oblonga, Drap. (var. *Ragnebertensis*). . . . cc (1).
Helix arbustorum, Linné. . . . . c.

(1) *cc* signifie très commun ; *c*, commun; *ar*, assez rare; *r*, rare.

Helix Locardiana, Fagot. . . . .   *cc.*
— *Neyronensis*, Fagot. . . . .   *ar.*
— *pulchella*, Müller. . . . .   *c.*
— *costata*, Müller. . . . .   *r.*
Ferrussacia subcylindrica, Linné. . . . (1 seul exemplaire).
Clausilia parvula, Studer. . . . .   *cc.*
Pupa muscorum, Linné. . . . .   *cc.*

Depuis le commencement de cette tranchée jusqu'à la plaine de la Demi-Lune, la ligne de Vaugneray est établie sur le versant nord de ce vaste plateau, situé à l'ouest de l'arête de la colline de Sainte-Foy et portant les hameaux du Point-du-Jour et de Champagne. L'altitude moyenne du plateau est de 275 mètres, c'est-à-dire 10 mètres de plus que le sommet de la tranchée dont je viens de donner la constitution. Cette tranchée, située au quartier des Granges, peut donner une idée de la composition géologique du plateau du Point-du-Jour. De plus, les diverses excavations, malheureusement peu nombreuses, pratiquées sur ce plateau, ont toujours montré le gravier jaunâtre, argileux, à quartzites dominants. La terre végétale est remplie de ces cailloux de quartzites plus ou moins altérés; le sol en est couvert.

Si l'on brise un de ces quartzites dont la partie centrale soit intacte, on constate que celle-ci présente un aspect cristallin ne permettant pas de distinguer les grains de quartz, lesquels se confondent avec la pâte cristallisée. En examinant la coupe de ce caillou du centre à la surface, on voit, autour de la partie centrale, une sorte d'auréole blanchâtre due à l'altération du ciment; les grains de quartz se distinguent de plus en plus nettement. Enfin, la partie périphérique présente, suivant le degré d'altération, une teinte jaunâtre, rougeâtre ou brunâtre, due à la mise en liberté du sesquioxyde de fer. Cette zone ferrugineuse constitue, autour de ces cailloux de quartzite, cette patine ocreuse ou vineuse déjà signalée par M. Fontannes (1).

(1) Fontannes, *Transformations du paysage lyonnais pendant les derniers âges géologiques*, 1885 (*Compte rendu de l'Association lyonnaise des amis des sciences naturelles*, pour 1884, p. 28).

Après la halte des Massues, la ligne s'enfonce dans une nouvelle tranchée dont la plus grande profondeur est de près de 10 mètres. On y voit, vers le milieu, une argile un peu sableuse, de teinte jaune brun, avec cailloux, surtout de quartzites, et, dans la partie inférieure, des couches irrégulières et discontinues de sable argileux formant un grès friable (1). Cette masse est dépourvue de tout élément calcaire ; elle est recouverte d'une couche de lehm, plus mince au sommet que sur les flancs, et affleurant seule aux deux extrémités de la tranchée. Ce lehm est assez fossilifère, mais moins que dans la tranchée précédente. La faune est la même.

En sortant de la tranchée des Massues, la voie ferrée continue à descendre, sur un remblai, jusque dans la plaine de la Demi-Lune, où elle se maintient à peu près au niveau du sol pendant 1500 mètres environ. L'altitude moyenne de cette plaine qui s'abaisse vers l'ouest, est de 212 à 220 mètres. Le plateau du Point-du-Jour la domine de 50 à 60 mètres.

On peut avoir une idée de la constitution géologique de la plaine de la Demi-Lune par quelques excavations peu profondes, pratiquées près de la station de ce nom, et surtout par les gravières et les marnières se trouvant plus à l'ouest, près de la station d'Alaï-Francheville. Les excavations pratiquées à proximité de la station de la Demi-Lune ne dépassaient pas 4 mètres en profondeur. Elles montraient toutes un gravier incohérent, jaunâtre et un peu ferrugineux dans sa partie supérieure, devenant grisâtre en bas, en même temps que les cailloux calcaires apparaissaient de plus en plus nombreux. Ce gravier est identique à celui des gravières des Grandes-Terres.

Voici les coupes que présentent deux excavations plus importantes, exploitées comme marnières et situées près de la station d'Alaï-Francheville. L'altitude est à peu près la même pour ces deux coupes (environ 212 mètres).

(1) Presque toute la partie caillouteuse de cette formation est masquée aujourd'hui par les pieds-droits du pont-tunnel.

COUPE DE LA MARNIÈRE MAZARD (1)

Terre végétale caillouteuse. . . . .   0^m,60

Gravier altéré, sauf les quartzites; absence de calcaire. .   2^m,20

Marne sableuse jaunâtre. . . . .   1^m, »

Sable. . . . .   1^m,60

Marne. . . . .   1^m,80

Gravier grisâtre, avec cailloux calcaires. . . . . .   0^m,50

Marne, avec lentilles de sable dans la partie supérieure. .   5^m, »

Gravier grisâtre.

COUPE DE LA MARNIÈRE ÉTERLIN ET LAMBERT (2)

Terre végétale caillouteuse. . . . .   0^m,70

Gravier altéré; absence de calcaire. . . . .   2^m,30

Marne jaunâtre. . . . .   3^m, »

Gravier grisâtre, avec cailloux calcaires. . . . .   2^m, »

Marne (3), avec minces filets sableux, jaunâtre à la partie supérieure,

    bleuâtre à la partie inférieure. . . . .   5^m,20

Gravier grisâtre, normal, dans lequel s'infiltrent les eaux de la marnière.

    Visible sur. . . . .   1^m, »

Un peu avant la station d'Alaï, au passage à niveau du chemin de Saint-Just à l'Étoile-d'Alaï, la ligne de Vaugneray présente son altitude minima (212^m,80).

A la station d'Alaï se rencontre une épaisseur d'environ 3 mètres de lehm, lequel fait partie du lambeau recouvrant le sol entre l'Étoile-d'Alaï et Tassin et au delà. Ce lehm, coupé par la tranchée de la station de Tassin, y repose sur le gneiss très altéré. Dans la plaine de la Demi-Lune, au contraire, le lehm manque; le gravier est immédiatement sous la terre végétale.

Laissant la station d'Alaï, la voie s'engage dans une tranchée

(1) Vers la croisée de la route départementale, n° 16, de Rive-de-Gier, avec le chemin de Saint-Just.

(2) Vers la croisée de la route départementale, n° 16, de Rive-de-Gier, avec le chemin de Champagne.

(3) Ces diverses marnes ont une composition moyenne de :

        Argile. . . . . 60 à 65 pour 100.

        Calcaire. . . . . 35 à 40 pour 100.

Elles sont exploitées pour tuiles, briques, poteries grossières, etc.

courte et peu profonde, à l'entrée de laquelle le lehm butte contre des graviers grisâtres, jaunâtres dans le haut. Ceux-ci étaient faciles à étudier dans une excavation provisoire creusée à l'extrémité de cette tranchée. J'ai pu relever cette coupe sur une profondeur de plus de 13 mètres, grâce au déblai nécessité pour établir les fondations de la culée Est du viaduc d'Alaï. La voici :

Terre végétale caillouteuse (alt. 215^m). . . . . 0^m,50
Gravier jaunâtre altéré, privé de calcaire. . . . . 0^m,60
Gravier grisâtre, avec cailloux calcaires, présentant vers le milieu deux
    lits irréguliers et discontinus de gravier noirâtre (1). . . . . . . 7^m, »
Sable très fin. . . . . 3^m,50
Marne un peu sableuse. . . . . 0^m,15
Sable très fin. . . . . 0^m,50
Marne. . . . . 0^m,50
Sable.

Une gravière située à 30 mètres au nord de cette excavation m'a fourni une coupe semblable.

A 150 mètres au sud de la ligne, au fond du vallon, se trouve une autre excavation où s'exploitait une assise de marne. Celle-ci repose (altitude 190 mètres environ) sur un gravier grisâtre, normal, du même type que tous ceux déjà indiqués sous ce nom. Le gravier, visible sur 3 mètres, renferme des lentilles de sable ; sa partie supérieure forme un lit horizontal de poudingue très dur supportant la marne.

On voit encore une gravière (altitude 220 mètres) plus en aval, au sommet du flanc gauche du vallon. Le gravier, de teinte grisâtre, est très riche en cailloux calcaires ; ceux-ci se montrent intacts à peine à 1 mètre de la surface. L'épaisseur de la couche supérieure, en voie d'altération, est seulement de 50 à 60 centimètres en moyenne. Le gravier, épais de 8 mètres environ, repose sur une couche de marne.

En quittant la plaine de la Demi-Lune, la voie ferrée franchit

---

(1) La matière noirâtre, d'aspect pulvérulent, entourant les cailloux, est formée d'un mélange d'oxyde de fer et d'oxyde de manganèse dominant.

le vallon du ruisseau de Charbonnières sur un viaduc métallique de 200 mètres de longueur. Ce viaduc, le plus important ouvrage d'art de toute la ligne, domine le ruisseau de 27 mètres.

Sous une faible épaisseur de terre végétale recouvrant une couche de lehm, les sondages pratiqués en vue de l'établissement des piles du viaduc ont rencontré des couches de gravier, de sable et de marne. La disposition réciproque de ces diverses couches est identique à celle des excavations déjà décrites ; elles se correspondent sur les deux rives.

Sur la rive droite du ruisseau, en aval du viaduc, on remarque un promontoire (altitude 213 mètres) constitué par un gravier grisâtre agglutiné en poudingue. Ce promontoire oblige le ruisseau d'Yzeron à s'infléchir vers le sud avant de recevoir le ruisseau de Charbonnières.

Après avoir franchi le vallon où coule ce dernier ruisseau, la ligne s'engage dans une tranchée ouverte dans le gneiss. Cette roche, d'un gris foncé bleuâtre-violacé, apparaît à l'œil nu et à la loupe comme formée de mica noir abondant et en lits généralement rectilignes ou peu ondulés ; ce mica alterne avec des lits blanchâtres de feldspath dominant, de quartz et de cordiérite, d'un gris verdâtre, plus ou moins abondante suivant la place (1). Le feldspath offre des grains relativement volumineux dont la cassure fait scintiller au soleil les faces de clivage.

La masse de ce gneiss renferme de nombreuses couches interstratifiées d'un gneiss gris clair, un peu jaunâtre, dans lequel le mica se présente souvent plutôt en paillettes isolées et semblablement orientées que par lits. A l'extrémité ouest de la tranchée on voit une de ces couches interstratifiées devenir de plus en plus compacte vers son milieu, en même temps que les éléments constituants s'atténuent de plus en plus. Il en résulte une roche très compacte, presque homogène, noire, dans laquelle la schistosité n'est plus indiquée que par de fines traînées grisâtres, et surtout

____

(1) Composition microscopique de ce gneiss, d'après M. A. Lacroix :
Magnétite, apatite, sphène, zircon, biotite, cordiérite avec inclusions de sillimanite, orthose, oligoclase, quartz.

par la facilité de la cassure dans une même direction, celle du plan de stratification de la masse.

Cette roche est représentée dans la collection de la Faculté des sciences par plusieurs échantillons provenant des environs de Francheville et dénommés *leptynite* par le professeur Fournet. La leptynite est pour tous les géologues une roche à éléments fins, mais tandis que les uns désignent sous ce nom une roche schisteuse qu'ils rapprochent plus ou moins des gneiss, les autres nomment ainsi un granite à éléments atténués. La roche dont il est ici question dérive très évidemment du gneiss et offre tous les passages avec lui.

On peut nommer *leptynite* la roche formant l'ensemble des couches interstratifiées dans ce gneiss (1). Quant à la couche noire et compacte, ses divers caractères la rapprochent de la variété de leptynite appelée *hälleflinta* en Suède.

Les couches du gneiss de cette tranchée, dite du Bel-Air, ont une direction environ N.-N.-E. A l'extrémité ouest se trouve un filon de près d'un mètre d'épaisseur, d'une porphyrite mica-cée (2) très altérée, dont le mica possède une couleur marron-jaunâtre. Cette roche, rendue très argileuse par la kaolinisation, renferme quelques noyaux ou cristaux de quartz et de feldspath.

Après la tranchée de Bel-Air, la voie repose sur le flanc escarpé de la rive gauche du ruisseau d'Yzeron. A mi-hauteur du ruisseau à la ligne du chemin de fer, on trouve dans le bois un gneiss semblable à celui de la tranchée précédente, mais renfermant de gros cristaux simples ou mâclés de feldspath orthose. Le plus gros cristal que j'y aie recueilli est une mâcle de Carlsbad de 8 centimètres de longueur.

Ces cristaux présentent dans leur intérieur des paillettes de mica noir emprisonnées lors de la cristallisation. La disposition de ces paillettes, souvent très nettement en zones concentriques au cristal et parallèlement à ses faces, témoigne du mode d'accrois-

---

(1) L'interstratification n'est parfois qu'apparente ; on voit, en effet, quelques couches couper un certain nombre de lits de gneiss et passer entre des lits supérieurs.

(2) *Minette* des anciens géologues lyonnais.

sement de celui-ci. Les zones micacées correspondent sans doute
à des périodes d'arrêt dans le développement du cristal ; l'accrois-
sement reprenant, une nouvelle couche de molécules feldspathiques s'est déposée sur toute sa surface.

Ce gneiss à grands cristaux est en rapport avec une masse de
granite porphyroïde bien développée dans notre région et sur
laquelle j'aurai l'occasion de revenir. Ce granite affleure le long
du chemin descendant au moulin du Gore, sur le versant nord du
vallon de l'Yzeron. A un coude de ce chemin, d'où se détache un
sentier allant dans la direction de l'ouest, la roche est à l'état de
gore (1) argileux. Avec quelques précautions il est facile d'en
extraire de gros cristaux d'orthose simples ou mâclés, dont les faces
sont assez nettes pour en permettre la détermination cristallogra-
phique.

La tranchée suivant celle de Bel-Air est également ouverte dans
le gneiss. Cette roche, très altérée ici et plus feldspathique que
celle de la tranchée précédente, forme une masse argileuse sur
laquelle, lors du creusement, la pioche avait beaucoup plus d'action que la poudre. En un point cependant, peu après le pont (2),
la roche normale constitue, dans le reste de la masse altérée, une
sorte de noyau dans lequel on retrouve les caractères du gneiss de
la tranchée précédente.

Cette seconde tranchée offre divers accidents lithologiques. Ce
sont quelques couches interstratifiées de leptynite moins altérée
que le gneiss encaissant, de nombreux petits filons de granulite
blanche, une masse de 2 mètres d'épaisseur de granite porphyroïde entre le pont et l'extrémité ouest de la tranchée, des veines
de quartz, un filon de 75 centimètres de porphyrite très altérée,
situé à l'entrée de la tranchée. Enfin, je signalerai quelques minces
filons de pegmatite seule ou associée à la granulite, et renfermant de la tourmaline et du grenat.

<hr>

(1) Dans la région lyonnaise, on donne le nom de *gore* à toute roche cristalline
désagrégée et plus ou moins altérée. L'altération, par décomposition des feldspaths,
produit de l'argile, laquelle donne à la masse une certaine cohésion.

(2) Passage supérieur du chemin descendant au moulin du Gore.

Depuis le pont jusqu'à l'extrémité ouest de la tranchée, on trouve, à la partie supérieure, une couche d'abord mince et s'épaississant de plus en plus jusqu'à 4 mètres, d'un gravier jaunâtre dans lequel dominent les grès-quartzites alpins.

En sortant de cette tranchée la voie s'engage bientôt dans une autre, dite de la Patellière (1), sans contredit la plus intéressante de toutes celles de la ligne de Vaugneray.

Cette tranchée commence par un gneiss très altéré, semblable à celui de la tranchée précédente. 100 mètres environ après le passage à niveau du chemin de la Patellière, on coupe un dyke de granite porphyroïde de 32 mètres de puissance, un peu moins altéré que le gneiss qui l'entoure. La direction de ce dyke est à peu près N.-S. Du côté Est, il est bordé sur toute sa hauteur, c'est-à-dire sur 8 mètres, par le gneiss; au contraire, du côté ouest, il est creusé sur une hauteur d'environ 7 mètres, et le gneiss ne l'encaisse pas sur plus de 75 centimètres au dessus du fond de la tranchée. A 5 ou 6 mètres au delà du filon la surface du gneiss s'enfonce sous la voie (2).

La dépression creusée dans le gneiss et dans le dyke de granite porphyroïde, est comblée par du sable et du gravier dont les éléments ne ressemblent en rien à ceux des formations analogues coupées jusqu'ici par la ligne. Les roches constituant ces nouveaux cailloux appartiennent toutes à la région occupée aujourd'hui par le bassin de l'Yzeron. Ce sont les gneiss ordinaires à mica noir, les gneiss granulitiques à mica noir et à mica blanc, les granites ordinaires ou porphyroïdes, les granulites, les pegmatites avec leur cortège de minéraux, le quartz, les porphyrites, etc., etc.

La composition de ce dépôt autorise la dénomination d'*alluvions lyonnaises* par opposition à celle d'*alluvions alpines* appartenant aux graviers rencontrés jusqu'ici par la ligne.

Les cailloux des alluvions alpines, même ceux formés des roches les plus dures, sont toujours arrondis; on n'y trouve aucun frag-

(1) La Patellière ou la Pa'illière (carte de l'État-Major), petit hameau de la commune de Craponne.
(2) Voir la figure 1 de la planche.

ment anguleux (1). Il n'en est pas de même pour les cailloux et les blocs des alluvions lyonnaises. Un grand nombre sont anguleux et leurs angles simplement émoussés ou à peine arrondis. C'est surtout le cas des cailloux de quartz, lequel est ici la roche dominante; sa résistance à l'altération en est la cause principale. Les cailloux de quartz des alluvions alpines, au contraire, sont plus rares et aussi bien arrondis que ceux des autres roches. Les cailloux et les blocs plus ou moins bien arrondis se trouvent cependant dans les alluvions lyonnaises; ils sont formés de roches peu dures ou altérées.

Les blocs et les cailloux de ces alluvions sont emballés dans un sable grossier et argileux, d'un gris verdâtre ou rougeâtre, à éléments empruntés aux mêmes roches. Ce sable forme aussi dans la masse des lits discontinus de diverses épaisseurs.

Les alluvions lyonnaises se montrent dans toute la tranchée de la Patellière, à partir du dyke de granite porphyroïde, c'est-à-dire sur une longueur de 250 mètres environ et une hauteur moyenne de 6 mètres. Les divers éléments y sont disposés non pêle-mêle, mais avec un certain ordre.

Ces alluvions sont recouvertes par les alluvions alpines dont l'épaisseur est de 3 à 4 mètres. Celles-ci sont constituées par un gravier jaunâtre, riche en quartzites, à roches granitiques très altérées, entièrement dépourvu d'éléments calcaires, semblable en un mot à celui de la gare de Saint-Just et de la tranchée des Granges, mais emballé dans un sable moins argileux, donnant peu de cohérence à la masse.

La ligne de séparation de ces deux systèmes d'alluvions n'est pas absolument tranchée; la partie supérieure des alluvions lyonnaises, sur une hauteur de $2^m,50$ à 3 mètres, renferme des quartzites alpins. Cette zone de mélange est limitée à la partie supérieure par le gravier à éléments exclusivement alpins. La teinte jaunâtre de ce dernier le sépare nettement de la partie sous-

---

(1) Il n'est, bien entendu, nullement question ici des *dépôts morainiques* appelés aussi *alluvions glaciaires*.

jacente dont la teinte est grisâtre. La limite inférieure de la zone
de mélange est assez bien indiquée par une ligne de petits blocs (1).

Après avoir franchi un étroit vallon descendant à l'Yzeron, la
voie s'engage dans une autre tranchée où reparaît le gneiss altéré:
Celui-ci est traversé par des filons de trois sortes de roches dans
un état d'altérati on très avancé.

Le premier filon, un des plus altérés, est formé d'une roche à
grain fin, grisâtre, à l'état de gore très argileux ; ses fissures,
assez nombreuses, sont remplies d'une matière pulvérulente marron
foncé, formée d'argile, d'oxyde de fer et d'oxyde de manganèse.
Cette matière est un produit d'altération provenant sans doute de
la décomposition de la roche du filon. Celui-ci présente une épaisseur de 11 mètres ; la tranchée le coupe sur une hauteur de 2 mètres ; sa direction est à peu près N.-O. à S.-E.

Le prolongement de ce filon se montre dans le vallon de l'Yzeron,
sur la rive gauche ; il y est coupé par le chemin allant de la
Patellière au moulin Bouchard. Son altération assez profonde présente un mode particulier. Dans la masse à l'état de gore très argileux, sont disséminés des blocs arrondis constitués par la roche
saine. Ces blocs sont formés d'un nodule central de roche à peu
près intacte, entouré de calottes concentriques plus ou moins
épaisses, de plus en plus altérées du nodule central à la périphé-
rie, et passant ainsi insensiblement au gore argileux de la masse
du filon. L'altération attaque progressivement la masse, isolant
ainsi des noyaux qui, à leur tour, seront envahis par elle. On
trouve le long du chemin des blocs arrondis de cette roche, tellement durs que le marteau n'a aucune prise sur eux. Il en est de
même des blocs arrondis du gneiss encaissant le filon ; c'est encore
le même mode d'altération.

La roche de ce filon est représentée par plusieurs échantillons
dans la collection de la Faculté des sciences ; elle a été étiquetée
par Fournet sous le nom de *diorétine*. Les géologues lyonnais
donnaient alors ce nom à « diverses roches noirâtres ou d'un gris

____

(1) Voir les figures 1 et 2 de la planche.

noir, composées d'éléments tellement fins ou confus qu'il devient
difficile d'apprécier leur composition (1) ». Ce nom ne préjugeait
donc en rien la nature des éléments constituants de la roche.

La dioritine, comme son nom l'indique, est une diorite à éléments
très fins ; c'est ce sens que lui attribuait Cordier. La roche de
la Patellière est essentiellement micacée ; l'amphibole y est très
rare, et ne peut justifier le nom qu'on lui donnait autrefois. C'est
une *porphyrite andésitique micacée* passant à la microgranulite (2).

Dans la tranchée qui nous occupe, le gneiss, d'abord au niveau
du filon de porphyrite, du côté de l'ouest, s'abaisse peu à peu jusqu'à 50 centimètres du fond de la tranchée, et vient butter contre
un second filon.

Ce dernier n'est autre que le prolongement du filon de *porphyre
granitoïde* trouvé par Fournet sur la rive droite de l'Yzeron (3),
où il forme, en face de la Patellière, un promontoire recouvert
d'un petit bois de chênes. La partie de ce filon coupée par la tranchée est plus altérée que la partie au bord du ruisseau. La roche
rougeâtre montre distinctement du mica abondant, altéré, en paillettes dont beaucoup offrent un contour hexagonal, du quartz
bipyramidé, de grands et de petits cristaux de feldspath.

Le filon est coupé obliquement sur une hauteur de 4 à 5 mètres ; sa puissance est de 25 mètres ; son inclinaison d'environ 60° ;
sa direction, N.-N.-O.

On trouve des blocs de cette roche dans les alluvions lyonnaises
s'étendant à l'Est de ce filon ; du côté de l'ouest, ces blocs peu
nombreux ne se montrent qu'à quelques mètres.

Le porphyre granitoïde coupé par la tranchée, réduit à l'état de
gore par l'altération, se laisse facilement pulvériser et constitue

---

(1) Drian, *Minéralogie et pétralogie des environs de Lyon*, 1849, p. 115.
(2) Analyse microscopique :
  I. (Première phase de consolidation.) Apatite, magnétite, sphène ;
  II. (Seconde phase de consolidation.) Biotite, oligoclase, orthose, quartz, amphibole (rare) ;
  III. (Éléments secondaires.) Épidote, pyrite, calcite, chlorite.   (A. Lacroix.)
(3) Drian, *Minéralogie et pétralogie; op. cit.,* p. 337.

alors un sable grossier, sec, éminemment propre à la construction. Il a été employé dans plusieurs ouvrages.

Ce filon, du côté ouest, est encaissé sur toute sa hauteur par le gneiss. Celui-ci va en s'abaissant jusqu'à près de 100 mètres du filon, où il s'enfonce sous la tranchée. Non loin du porphyre granitoïde, le gneiss est traversé par trois minces filons de porphyrite micacée très altérée, semblable à celle déjà signalée deux fois entre Alaï et la Patellière.

Les alluvions lyonnaises renfermant des quartzites alpins se montrent dans la partie Est de cette tranchée jusqu'à un niveau peu supérieur à celui du filon de porphyre granitoïde. Avant le grand filon de porphyrite, leur partie inférieure visible est pure de tout mélange de quartzites. Dans la partie ouest, elles sont peu développées.

Les alluvions alpines recouvrent ces diverses formations sur une épaisseur variant de 3 à 9 mètres. Du côté Est de la tranchée en question, le gravier des alluvions alpines est peu argileux et présente des lits irréguliers, ferrugineux et manganésifères, à cailloux revêtus d'un enduit marron foncé. Du côté ouest, ce gravier, plus argileux, se montre sur toute la hauteur de la tranchée ; en un point, il offre une grande cohérence par suite de l'abondance de l'argile sableuse emballant les cailloux.

La tranchée suivante est ouverte dans le gneiss altéré et coupe trois ou quatre minces filons de granulite. A l'entrée de la tranchée et vers son milieu, à la halte de la Tourette (1), on voit les alluvions alpines, jaunâtres, du type ordinaire, remplissant deux dépressions creusées dans le gneiss. Elles renferment, dans leur partie inférieure, des cailloux des alluvions lyonnaises. On peut les observer sur les talus du chemin montant au hameau de la Tourette. Jusqu'à l'extrémité de la tranchée, la terre végétale contient des cailloux de quartzites. C'est le dernier point

----

(1) La Tourette (non indiqué sur la carte de l'État-Major) est un hameau de la commune de Craponne, situé vers les points où la route départementale de Saint-Symphorien-sur-Coise et le chemin du moulin Bouchard se soudent à la route nationale, 89.

où notre ligne rencontre ces grès-quartzites; au delà ils manquent (1).

Après avoir traversé, sur un remblai, le vallon où passe la route
de Craponne à Saint-Symphorien-sur-Coise, la voie coupe, sur une
hauteur n'atteignant pas 2 mètres, une argile sableuse dans laquelle on reconnait un sable du même type que celui des alluvions
lyonnaises de la tranchée de la Patellière. La station de Craponne
est construite sur cette formation. Au delà, on trouve cette même
argile sableuse avec cailloux de quartz et d'autres roches lyonnaises, puis le gneiss reparaît.

Ce gneiss est trop altéré pour pouvoir être étudié. Mais si l'on
examine celui affleurant à 50 mètres à peine de là, le long d'un
chemin parallèle à la ligne et au sud, on lui trouve un aspect un
peu différent de celui rencontré jusqu'ici. Les lits clairs, plus épais,
offrent une structure finement grenue que le commencement d'altération de la roche rend très visible. Ce gneiss paraît semblable à
celui que nous verrons plus loin coupé par la section de Mornant,
immédiatement avant le viaduc de l'Yzeron.

Sous le hameau de Tupinier, au point d'où se détache la section
de Mornant, on trouve une argile un peu sableuse, assez semblable à celle dont il vient d'être question.

Entre le passage à niveau de la route nationale de Lyon à Bor-
deaux et la station de Grézieux-la-Varenne, la ligne entame un
gneiss pareil à celui que nous avons rencontré après la station de
Craponne, mais plus abondant en feldspath et de teinte plus jaunâtre. Ce gneiss est traversé par un petit filon de granulite jaune-
rougeâtre très feldspathique et pauvre en mica.

Après la station de Grézieux, la voie traverse, sur un court
viaduc en maçonnerie de trois arches, le ruisseau de la Chaudanne;
puis, après trois tranchées, atteint son point terminus, la Maison-
Blanche, commune de Vaugneray, à une altitude de 367 mètres,
c'est-à-dire 100 mètres plus haut que le point de départ.

Ces trois tranchées entament, sur une profondeur de 2 à 5 mètres,

(1) La constitution de ces trois dernières tranchées est indiquée par la figure 1 de
la planche accompagnant cette étude.

un gneiss renfermant du mica blanc et traversé par un certain nombre de filons de diverse épaisseur de granulite. Ce gneiss se montre généralement constitué par des lits minces plus ou moins ondulés de mica noir, alternant avec des lits épais, jaunâtres, rougeâtres ou rosés, formés de feldspath très abondant, de quartz et de mica blanc seul ou avec plus ou moins de mica noir.

Si l'on observe les rapports de certains de ces filons de granulite avec le gneiss encaissant, on voit la granulite se continuer dans les lits clairs du gneiss. Cette disposition permet de donner à ce gneiss la même origine et le même nom donnés par M. Michel-Lévy à certains gneiss du Morvan, de l'Auvergne et d'ailleurs (1). C'est un *gneiss granulitique*, c'est-à-dire un gneiss modifié par une injection de la granulite entre ses feuillets.

Ce gneiss granulitique, dans certains points, est si abondant en feldspath que celui-ci constitue des nodules et de gros cristaux simples ou mâclés bien reconnaissables à leur miroitement. Ce miroitement, comme on le sait, est dû à la cassure suivant un plan de clivage. Dans le cas d'une mâcle, il arrive que la moitié seulement de la section miroite tandis que l'autre moitié présente une cassure irrégulière. On sait que cette disposition provient du non-parallélisme des plans de clivage des deux cristaux hémitropes.

Cette variété de gneiss granulitique, remarquable par la présence de gros cristaux de feldspath, peut facilement s'étudier le long de la route descendant de la Maison-Blanche au ruisseau d'Yzeron, et surtout sur les deux rives du ruisseau, en aval du pont, au delà du dyke de vaugnérite; il y est moins altéré que dans les tranchées du chemin de fer.

Dans la tranchée qui suit le viaduc de la Chaudanne, le gneiss granulitique est traversé par un filon de porphyrite altérée, de 10 mètres de puissance, et par quelques minces filons et veines discontinues de quartz, de granulite, de pegmatite.

La dernière tranchée, aboutissant à la gare de Vaugneray, pré-

(1) Fouqué et Michel-Lévy, *Minéralogie micrographique*; 1879, p. 175. — Michel-Lévy *(Bulletin de la Société géologique de France*, 3ᵉ série, t. VII [1879], p. 760 et 858).

sente, vers son milieu, un filon de granulite rose de 2 mètres d'é-
paisseur. Le gneiss granulitique à grands cristaux y est également
coupé de plusieurs petits filons et veines discontinues de quartz, de
granulite, de pegmatite. Dans une de ces veines, j'ai constaté le
passage très net de la granulite à la pegmatite; cette veine se ter-
mine par du quartz. En quelques points du gneiss, le mica noir,
en petites paillettes, forme des lits de plusieurs centimètres d'épaisseur.

II. — SECTION DE CRAPONNE A MORNANT

La section de Mornant se détache de celle de Lyon à Vaugneray, près le hameau du Tupinier, à 1 kilomètre environ de la station de Craponne. A la bifurcation, comme je l'ai dit plus haut,
on trouve une argile sableuse à éléments empruntés à la région.

La ligne, laissant alors la direction générale E.-O. pour
prendre celle N.-S. qui la conduit à Mornant, suit une tranchée
de 2 mètres à peine de profondeur, où l'argile sableuse est bientôt remplacée par le gneiss granulitique. Celui-ci, toujours altéré,
est traversé par deux filons de porphyrite micacée, très altérée
elle-même, et deux filons de granulite.

Après deux tranchées dans le gneiss granulitique, la ligne en
aborde une troisième ouverte dans la même roche et offrant à l'entrée, sur une longueur de 15 à 20 mètres, un dépôt d'alluvions
lyonnaises. Ces alluvions, entamées seulement sur une hauteur de
1^m,50, sont constituées comme celles de la Patellière : cailloux de
quartz anguleux et émoussés en quantité prédominante, blocs et
cailloux de gneiss granulitique différent de celui qui forme le substratum, blocs et cailloux de granulite, de pegmatite, de porphyrite, etc. Ce dépôt est à l'altitude de 285 mètres, c'est-à-dire
25 mètres environ au-dessus de celui de la Patellière.

Sortie de cette tranchée, la voie ferrée traverse l'Yzeron sur
un viaduc métallique de 100 mètres de longueur, dominant le

ruisseau de 28 mètres. La rive droite, de même que la rive gauche, est constituée par un gneiss granulitique à feldspath blanc, un peu rosé par place. Cette roche est à peu près intacte sur la rive droite.

A 100 mètres environ à l'Est du viaduc, l'Yzeron vient butter contre un escarpement de gneiss l'obligeant à se détourner par un coude brusque. Ce gneiss, exploité pour l'empierrement des routes, est remarquablement dur et intact. Son rubannement n'apparaît bien que si l'on examine la roche sur une large surface. Il renferme de la cordiérite (1).

Les cinq tranchées, traversées par la ligne de Mornant entre le ruisseau d'Yzeron et celui de Messimy, sur un parcours d'environ 3 kilomètres, sont constituées par le gneiss granulitique altéré. Celui-ci est coupé par de nombreux filonnets de pegmatite et granulite et par des filons de porphyrite plus ou moins altérée. La tranchée, à 500 mètres après la halte de la Pillardière, par exemple, offre un filon de porphyrite micacée très altérée, de 15 mètres d'épaisseur et de direction environ nord-ouest. La tranchée, entre la station de Brindas et le ruisseau de Messimy (2), située au lieu dit les Joannas, a 450 mètres de longueur. Son gneiss, très granulitique, est coupé par plusieurs filons de porphyrite très altérée dont le plus important est situé vers l'extrémité sud de la tranchée. Ce dernier, de 15 mètres de puissance et de direction nord-ouest, est à éléments plus gros; il renferme quelques grands cristaux de feldspath.

Sur le bord du ruisseau de Messimy, on voit affleurer le granite porphyroïde, lequel constitue, dans cette région, une puissante masse. La ligne de Mornant le traverse sur un parcours de plus de 3 kilomètres.

La tranchée précédant la station de Messimy (3) est ouverte dans ce granite porphyroïde. Cette roche est traversée par trois

(1) Analyse microscopique de ce gneiss :
Zircon, biotite, cordiérite avec inclusions de sillimanite, orthose, oligoclase, quartz; III. Quartz de corrosion dans les feldspaths.   (A. Lacroix.)
(2) Ruisseau de Chalandresse, sur la carte de l'État-Major.
(3) Cette station est placée au hameau de Malataverne, à 1 kilomètre environ du village de Messimy.

petits filons dont le plus important, de 1^m,80 de puissance, présente des parties à peu près intactes. C'est un *orthophyre micacé passant à la porphyrite.*

La petite tranchée venant après la station de Messimy, m'a offert, dans le granite porphyroïde, un filonnet de 2 centimètres environ d'une belle pegmatite formée de feldspath blanc, de quartz, de tourmaline abondante et de rares cristaux d'apatite.

Le granite porphyroïde de la tranchée précédant le viaduc du Garon, est coupé par quatre filons de porphyrite micacée très altérée. Deux de ces filons sont au commencement même de la tranchée et peu visibles.

En traversant le ruisseau du Garon sur un viaduc en maçonnerie de cinq arches, la voie ferrée commence à décrire une courbe assez prononcée, pour contourner la colline portant le hameau de Verchery (1). Cette colline est constituée par le même granite porphyroïde déjà rencontré. Plusieurs exploitations de cette roche sont ouvertes entre les villages de Thurins et de Soucieu et entre Malataverne et Thurins. C'est elle aussi qui forme la tranchée à 300 mètres du viaduc du Garon,

Cette tranchée, à partir du passage à niveau de la route de Mornant (2), est coupée, sur une longueur d'environ 40 mètres, par sept filons de porphyrite avec quelques parties intactes, d'une puisssance de 0^m,60 à 5 mètres (3). Le peu de profondeur de la tranchée en ce point empèche de reconnaître si l'on a sept filons distincts, ou, ce qui est plus probable, si des filons moins nombreux, peut-être même un seul, ont englobé des blocs de granite porphyroïde. Leur direction nord-ouest semble les raccorder à ceux du commencement de la tranchée précédente.

---

(1) Hameau de Soucieu-en-Jarrèt.

(2) Chemin de grande communication, n⁰ 30, de la Tour-de-Salvagny à Rive-de-Gier.

(3) Analyse microscopique d'un échantillon de *porphyrite micacée à amphibole,* recueilli en ce point :

    I. Oligoclase, amphibole ;

    II Microlithes d'oligoclase, de mica ;

    III. Chlorite, calcite, mica blanc.   (A. Lacroix.)

Après une petite tranchée dans le granite porphyroïde, la ligne en aborde une autre plus importante et ouverte dans la même roche. Celle-ci présente un état d'altération particulier qui se traduit à l'œil par une rubéfaction et un verdissement des feldspaths. Le mica devient chloriteux et verdâtre. La roche est injectée de granulite et de pegmatite avec tourmaline, ou voie d'altération.

Le pont traversant cette tranchée vers son milieu, est établi sur une formation de blocs anguleux de toutes grosseurs et de même nature que la roche de la tranchée. Cette formation semble remplir une crevasse de 10 mètres de largeur. Les blocs sont cimentés par un gore argileux dont les éléments sont empruntés à la même roche. La direction de la crevasse, en ce point, est environ N.–E. à S.–O. Le prolongement de cette direction vers le nord-est, passe à peu près vers le pont (1) du chemin du moulin du Gore, près de Francheville, où existe quelque chose d'analogue. Serait-ce l'indice d'une grande cassure qui couperait notre plateau ?

Plusieurs autres cassures de moindre importance paraissent se révéler par la disposition que présente une granulite passant à la pegmatite, en filon de 40 à 50 centimètres de puissance. 15 mètres après le pont et sur une longueur d'environ 60 mètres, on voit apparaître quatre fois cette granulite. La disposition de ces quatre tronçons est, sans doute, due à quatre cassures accompagnées d'un faible rejet, lesquelles auraient affecté le même filon.

Les filons de porphyrite abondent dans cette tranchée. Deux ou trois existent avant le pont; après le pont on en observe cinq ou six, dont un de 4^m,50. Ils ont présenté, à la base de leur affleurement, quelques blocs de roche à peu près intacte (2). Leur direction nord–ouest prolongée aboutit, à très peu près, au passage à niveau dont il vient d'être question et où sont coupés sept filons de porphyrite qui ne peuvent être que le prolongement des derniers.

(1) Passage supérieur sur la tranchée de la ligne.

(2) Analyse microscopique d'un échantillon de *porphyrite andésitique micacée passant à l'orthophyre*, recueilli en ce point :

  I. Apatite ;
  II. Biotite, oligoclase, orthose
  III. Quartz, chlorite, calcite.   (A. Lacroix.)

Dans la partie de cette tranchée s'étendant après le pont, le granite porphyroïde est moins altéré.

La tranchée suivante, peu profonde, entame le gneiss. Celui-ci, vers le milieu, montre de gros cristaux d'orthose. Plus loin, la ligne coupe, sur une hauteur de $2^m,50$, le gneiss à grands cristaux, avec quelques couches de leptynite.

La tranchée ouverte avant la station de Soucieu est formée, en commençant, par le gneiss à grands cristaux, lesquels disparaissent bientôt peu à peu. Le gneiss de la partie sud de la tranchée renferme des couches interstratifiées de leptynite granulitique.

La tranchée s'étendant entre la station de Soucieu et le viaduc du Furon, est constituée par une roche bien différente de toutes celles déjà rencontrées. Ce sont des schistes grisâtres ou noirâtres, quelquefois gris jaunâtre, à feuillets tantôt lisses et comme satinés, tantôt recouverts de petites paillettes brillantes, micacées ou chloriteuses, plus ou moins abondantes, tantôt rugueux. Ces schistes renferment parfois, entre leurs feuillets, des lits clairs formés de feldspath, de quartz et de mica; à cet état, ils rappellent un peu les gneiss.

Au commencement de la tranchée, avant le passage à niveau, ces schistes feldspathisés renferment en outre de grands cristaux simples ou máclés d'orthose. Ils m'ont toujours paru moins gros que ceux du gneiss à grands cristaux. Leur blancheur tranche sur le fond noir de la roche, surtout lorsque celle-ci est mouillée. La seconde partie de cette tranchée montre des schistes plus ou moins feldspathisés par places, avec parties à grands cristaux et couches non feldspathisées semblant normales. Il en est de même sur les deux rives du Furon.

Un viaduc métallique de 100 mètres de longueur, dominant le ruisseau de 30 mètres, fait passer la ligne sur la rive droite de l'étroit vallon du Furon. Non loin du viaduc et en aval, à la montée de la route de Brignais, on voit un bel affleurement de ces schistes, auxquels, pour ne préjuger ni leur nature, ni leur âge, je donne le nom de *schistes de Soucieu*.

La tranchée venant après le viaduc du Furon, est ouverte dans les mêmes schistes, aussi feldspathisés que ceux de la tranchée précédente. Ils renferment quelques couches d'une roche à éléments orientés, paraissant riche en granulite.

Après la halte d'Orliénas (1), la voie reste pendant près de 500 mètres au niveau du sol, et après avoir traversé la route de Soucieu à Mornant (2), pénètre dans une tranchée. Celle-ci est formée des mêmes schistes moins feldspathisés, cependant, que dans la dernière ; elle présente quelques petits filons de granulite et de pegmatite. A son extremité sud, on en trouve un de 4 mètres de puissance, dirigé E.-N.-E., d'une granulite riche en quartz, à mica blanc, renfermant un peu de mica noir et quelques petits grenats.

Les schistes de la tranchée suivante semblent modifier leur structure. Les éléments qui remplissent l'intervalle des feuillets, par l'aspect grenu du feldspath et du quartz, et la présence assez abondante par places du mica blanc, donnent à l'ensemble de la roche l'apparence de certains gneiss granulitiques. Il semble que la granulite a agi sur ces schistes de la même manière que sur les gneiss. Ces schistes ont leurs couches ondulées et contournées ; ils sont très inclinés, verticaux, parfois même renversés. Vers le passage à niveau, non loin de l'entrée de la tranchée, est un filon de porphyrite micacée très altérée, de 2 mètres et dirigé N.-O. Plusieurs petits filons de pegmatite et de granulite sont coupés ; un, en particulier, de cette dernière roche, est disloqué en plusieurs tronçons.

Le remblai suivant cette tranchée recouvre un filon de pegmatite à mica blanc palmé, tourmaline et grenats d'un diamètre de 5 à 12 millimètres. Ce filon a été entamé, parallèlement à la direction de la ligne, sur une longueur de 10 mètres et une profondeur de 2 à 3 mètres, pour la construction du petit aqueduc voisin. Il a été impossible de mesurer sa puissance et sa direction. Les parties extraites étaient en voie d'altération. Les grenats, bien que mon-

----

(1) Cette halte est située au hameau du Violon, à 2 kilomètres environ du village d'Orliénas.

(2) Chemin de grande communication, n° 30, de la Tour-de-Salvagny à Rive-de-Gier.

trant leur forme de trapézoèdre seul ou combiné au dodécaèdre
rhomboïdal, s'effritaient ordinairement sous les doigts. J'ai remar-
qué qu'ils étaient généralement cantonnés dans des veines très
micacées de cette pegmatite.

La tranchée suivante commence par un dépôt assez épais d'une
terre argileuse renfermant de petits fragments de schistes granulitisés, de gneiss, de granulite, de pegmatite, de quartz (1). Cette
formation qui occupe environ les 100 premiers mètres, repose sur
les schistes granulitisés, contournés, verticaux et renversés, lesquels forment le reste de la tranchée. Il semble, en plusieurs points,
que des blocs de gneiss granulitique soient mélangés à des blocs
de schistes granulitisés. Deux filons de porphyrite très altérée se
montrent au milieu de la tranchée.

Ce mélange de blocs de schistes granulitisés et de gneiss granulitique se constate aussi dans la tranchée suivante où ils sont
associés à d'autres blocs ou nodules de nature amphibolique. J'ai
tout lieu de croire ceux-ci formés par un gneiss amphibolique
altéré. On voit aussi des couches en place de gneiss granulitique,
contournées et verticales, et deux filons de porphyrite grossière,
de 1^m,50 et 2^m,50 d'épaisseur.

Après avoir franchi le petit vallon du ruisseau de la Combe ou
du Merdanson, la voie pénètre dans une tranchée dont le commencement est formé par les schistes granulitisés, remplacés bientôt par
le gneiss granulitique. Celui-ci renferme plusieurs couches de gneiss
amphibolique et trois filons de porphyrite micacée dirigés O.-N.-O.

La tranchée qui suit le passage à niveau de la route de Mornant
est ouverte dans le gneiss granulitique très altéré. Celui-ci est
traversé par plusieurs petits filons de granulite et de pegmatite
également altérées. Vers le milieu de la seconde partie de la tranchée, on trouve en outre un filon de 3 mètres, dirigé N.-E., de
granulite et pegmatite.

La tranchée suivante, peu importante, est aussi formée de gneiss
granulitique altéré, avec deux petits filons de granulite.

---

(1) Des dépôts analogues sont exploités par plusieurs tuileries de la région.

Après celle-ci, la ligne en aborde une autre de 600 mètres de longueur. Le palier qui donne accès à cette tranchée est au point culminant de toute la ligne : 401 mètres d'altitude. Après le passage à niveau du chemin de Saint-Laurent-d'Agny à Orliénas, la tranchée s'approfondit de plus en plus jusqu'à 7 mètres Elle est creusée dans un gneiss granulitique de teinte générale grisâtre et rempli, par places, de très petits grenats. Parfois, l'abondance de ceux-ci donne à la roche une teinte légèrement rosée. Les lits, généralement assez minces, ont la direction habituelle N.-N.-E. En un point, où la tranchée elle-même possède cette direction, on peut remar-- quer un bon exemple de contournement de ces gneiss. On voit alors brusquement leur tranche, sur une petite largeur, il est vrai.

Plusieurs filons, de toute épaisseur, de granulite et de pegmatite, coupent ce gneiss. Les porphyrites sont représentées par huit filons de $0^m,50$ à $2^m,50$ d'épaisseur, dirigés environ O.-N.-O. Les parties visibles sont dans un état très avancé d'altération. L'avant-dernier filon, cependant, montre à la base des nodules de roche intacte. Une ou deux couches de gneiss amphibolique complètent les accidents qui se constatent sur ce point.

A la sortie de cette tranchée se trouve la station de Saint-Laurent-d'Agny. Elle est suivie d'un remblai sur lequel la voie continue à descendre, et auquel succède une tranchée de 350 mètres de longueur et d'une profondeur maxima de 6 mètres. Cette tranchée est constituée par le même gneiss granulitique que la précédente ; c'est sans doute le prolongement des mêmes couches grenatifères. Elle est coupée par plusieurs filons de granulite et par deux petits filons de porphyrite micacée très altérée. On y remarque plusieurs couches, dont une plus importante, de gneiss amphibolique.

Les deux tranchées suivantes, peu profondes, sont dans le gneiss avec plusieurs petites couches de gneiss amphibolique et plusieurs petits filons de porphyrite micacée. Toute la partie visible de ces roches présente un degré d'altération très avancée.

La tranchée qui vient ensuite est courte mais plus profonde que les deux précédentes. Elle est ouverte dans le gneiss granulitique avec quelques couches de gneiss amphibolique et deux filons de porphyrite micacée, dont le second englobe un bloc de gneiss assez volumineux.

Après avoir traversé le ruisseau du Jonan, la ligne pénètre dans une tranchée de 120 mètres de longueur, creusée presque entièrement dans la gneiss amphibolique avec parties intactes. Cette roche est alors de teinte sombre, un peu verdâtre dans les parties tendant à s'altérer. Elle est formée de lits minces d'amphibole et de pyroxène, alternant avec des lits minces et clairs de feldspath (1). Plusieurs filons de pegmatite coupent cette tranchée.

La tranchée suivante est ouverte dans le gneiss granulitique altéré, avec très nombreuses couches interstratifiées, généralement peu épaisses, de gneiss amphibolique, quelques filons de granulite et de pegmatite. Cette tranchée, la dernière de la ligne, aboutit à la gare de Mornant, à l'altitude de 366 mètres. C'est l'altitude de la gare de Vaugneray.

La ligne de Lyon à Vaugneray et à Mornant, d'une longueur totale de 31 kilomètres (2), entame, comme on vient de le voir, le plateau lyonnais suivant deux directions perpendiculaires entre elles E.-O. et N.-S. Ces deux coupes rencontrent toutes les formations principales de la région, roches et alluvions.

Ces deux sortes de formations, sur lesquelles il me semble nécessaire d'insister un peu, font le sujet de la seconde et de la troisième partie de cette étude.

---

(1) Composition microscopique d'un échantillon de ce *gneiss à pyroxène et amphibole :*

Sphène, magnétite, pyroxène (ouralitisé en partie), amphibole, labrador ;
III. Pyrite, hématite, calcite.   (A. Lacroix.)
(2) Section de Saint-Just à Vaugneray, 13^{kil},7 ; section de Craponne (le Tupinier) à Mornant, 17^{kil},6.

SECONDE PARTIE

Les roches du Plateau lyonnais.

Dans cette seconde partie, mon but n'est pas, comme le titre pourrait l'indiquer, de donner une description lithologique complète du plateau lyonnais. Je me propose simplement, après une revue bibliographique aussi courte que possible, de coordonner en quelque pages, de grouper d'une manière générale les diverses roches coupées par les tranchées décrites dans la première partie de cette étude, et celles que j'ai eu l'occasion d'observer dans plusieurs courses complémentaires faites à proximité de la ligne de Lyon à Vaugneray et à Mornant.

Aux difficultés accompagnant l'étude stratigraphique des roches de notre région, telles que la grande extension des cultures, le boisement des montagnes, la rareté, le plus souvent même l'absence de points où peut nettement s'observer le contact de deux roches différentes, l'état fréquent de désagrégation et d'altération parfois considérable de ces roches, à ces difficultés viennent encore s'ajouter celles tenant à la structure et à la composition même de nos roches, lesquelles offrent presque tous les passages des unes aux autres. L'œil d'un maître expérimenté est ici absolument nécessaire ; aussi, me bornerai-je à de simples généralités et à l'indication d'un certain nombre de gisements que j'ai reconnus. J'ai pensé qu'il serait regrettable que des coupures fraîches, si rares dans cette région, fussent perdues ; bientôt, en effet, l'étude des tranchées de cette ligne sera plus difficile. Ce motif m'a poussé à entreprendre ce travail.

Les roches et les minéraux du plateau lyonnais ont été déjà l'objet de diverses indications et de quelques travaux.

Vers la fin du siècle dernier, Alléon-Dulac (1) mentionnait le granite de Pierre-Bénite et d'Oullins, le regardant comme probablement le même que celui de Pierre-Scize et de Brignais.

Plus tard, Barre (2) indiquait les filons de barytine et galène de Vaugneray et de Chaponost et l'existence de grenats dans les granites de cette dernière localité.

Peu après, Tissier (3) faisait connaître le granite porphyroïde des environs de Dardilly et de la Tour-de-Salvagny, et les cristaux de feldspath qu'on y peut recueillir dans les parties convenablement désagrégées. Dans le même travail, Tissier s'étend sur la pegmatite des environs de Dommartin, découverte en 1819; il mentionne les divers minéraux qu'il y a recueillis : émeraude, tourmaline, épidote, apatite, grenat, rutile, mica blanc. Malheureusement l'auteur confond entre elles les diverses roches de ces localités; les noms et les caractères différentiels qu'il en donne ne sont rien moins que nets.

Le gisement grenatifère des bords du Garon, près et en aval des ruines de l'aqueduc romain, à Chaponost, a été décrit par Briffandon (4).

Dans sa *Notice sur Madame Lortet* (5), Roffavier cite une note de cette naturaliste sur une promenade à Saint-Bonnet-le-Froid. On y voit qu'elle avait été frappée de l'aspect présenté par ce « granit » veiné de différentes couleurs et ondulé, — notre gneiss granulitique. — Elle mentionne aussi l'existence du filon de barytine des environs de Vaugneray.

Leymerie publia les *Notices géologiques et minéralogiques* de Valuy (6), en les accompagnant de notes explicatives et rectifica-

(1) *Mémoires pour servir à l'histoire naturelle des provinces de Lyonnais, Forez et Beaujolais.* Lyon, 1765, 2 volumes.

(2) *Aperçu minéralogique sur le département du Rhône (Comptes rendus de la Société d'agriculture de Lyon,* pour 1814).

(3) *Notice sur une roche feldspathique smaragdifère des environs de Lyon (Comptes rendus de la Société d'agriculture de Lyon,* pour 1823 et 1824).

(4) *Note sur les grenats des bords du Garon, commune de Chaponost (Annales de la Société Linnéenne de Lyon,* t. 1, 1836).

(5) *Annales de la Société Linnéenne de Lyon,* t. I, 1836.

(6) *Annales de la Société Linnéenne de Lyon,* t. I, 1836.

tives. La première de ces notices a trait au « terrain primitif » et au « terrain de transition des environs de Lyon ». Valuy y parle du gneiss et du granite des environs de Mornant, de Vaugneray, de Saint Genis-Laval, de Charbonnières, de l'intérieur de Lyon, etc., de la pegmatite à tourmaline et émeraude de Dommartin, etc.

La même année, Leymerie fit paraître, dans le *Bulletin de la Société géologique de France*, deux notes (1) sur les environs de Lyon. Il y cite le gneiss et le granite de Pierre-Scize, la Mula - tière, etc., le gneiss du plateau lyonnais, lequel, au delà de Craponne, est souvent contourné, à feuillets très nets et présente de gros cris- taux de feldspath, — notre gneiss granulitique à grands cristaux. — Il mentionne aussi les filons de minette décomposée, — nos por- phyrites si altérées à la surface du sol, — qui traversent le gneiss, et deux filons de baryte sulfatée, dont l'un est « situé à 4 lieues de Lyon ». Ce dernier, dont on trouvera certainement par trop vague l'indication du gisement, est sans doute celui de Vaugneray; l'au- tre, celui de Chaponost.

En 1838, Drian présenta à un concours ouvert par l'Académie de Lyon, un *Essai sur la géologie de la partie méridionale du département du Rhône* (2). Cette étude consciencieuse, la plus importante de toutes celles qui ont été faites sur le plateau lyon- nais, resta malheureusement inédite. Assurément ce travail n'est pas complet; il pèche par de nombreuses imperfections, notamment en ce qui concerne la différenciation des roches et le tracé des con- tours des filons sur la carte accompagnant l'ouvrage; mais, par l'exactitude des indications, par la simplicité du plan, il eût pu attirer les géologues vers cette région qui, malgré tout l'intérêt qu'elle présente, a constamment été délaissée.

(1) *Bulletin de la Société géologique*, 1re sér., t. VII (1836) : *Sur la position géo- logique de la ville de Lyon, la formation calcaire principale du département du Rhône, et sur le soulèvement de ce terrain et celui de la chaîne primitive comprise entre Lyon et Mâcon*, p. 84. — *Note sur la coupe géologique du groupe de montagnes comprises entre la Saône et la Loire, de Lyon à Feurs, en passant par Yzeron, Duerne et Saint-Barthélemy*, p. 212.

(2) *Manuscrits de l'Académie de Lyon*, 1 cahier, 2 planches et 1 carte. — Je dois l'obligeante communication de cet ouvrage à M. Falsan et à M. le Dr Saint-Lager. Je saisis avec empressement l'occasion de les en remercier.

Dans une première partie, l'auteur décrit sommairement l'ensemble du terrain. Le gneiss, d'un plongement moyen environ 60° N.-O., tantôt simplement rayé ou rubanné, tantôt à grains très gros avec nodules, est traversé par des filons de diverses roches. Le porphyre se montre à Monsouvre (1) près de Lentilly et s'étend jusqu'au-dessus de Pollionay. On le retrouve à Larajasse. Le granite à petits grains, souvent rosé, simulant parfois un grès, — notre granulite, — peut s'observer à Brindas, Tassin, etc. A Rontalon, Craponne, Charbonnières, Dardilly, se voit un énorme filon de granite porphyroïde. Un autre filon de granite s'étend à Irigny, Millery, Chassagny, Saint-Andéol, etc. Le gneiss et le granite sont traversés par des fentes dirigées à peu près O.-N.-O. et « remplies d'une terre granitique et micacée », — nos filons de porphyrites altérés.

La deuxième partie comprend six excursions dans les environs de Lyon. Toutes partent de cette ville pour aller dans diverses directions : Tarare, Panissières, Chazelles, Fontanès, Rive-de-Gier, le mont Pilat. L'ensemble de notre plateau est ainsi parcouru ; les diverses roches traversées sont signalées avec soin.

Dans la troisième partie, Drian classe et définit les diverses roches ; il établit leur âge relatif. Cette partie, on le comprend, est celle qui comporterait le plus de rectifications, surtout au point de vue de la spécification des roches et de leur âge.

La *Statistique minéralogique du département du Rhône*, par Parisel (2), mentionne la galène de Chasselay, de Chaponost, la barytine et les grenats de cette dernière localité.

L'orographie des chaînes qui limitent ou traversent notre plateau a été parfaitement esquissée par Fournet, dans ses *Études pour servir à la géographie physique et à la géologie d'une partie du bassin du Rhône* (3).

Une note du même savant, *Sur quelques circonstances de la*

(1) Moscœuvre, sur la carte de l'État-Major.
(2) Lyon, 1838.
(3) *Annales de la Société d'agriculture de Lyon*, 1ᵉ sér., t I (1838), p. 1.

cristallisation dans les filons (1), cite les gneiss avec filons de granulite et de pegmatite du fort Saint-Jean, à Lyon, et de Francheville. On y trouve aussi la description du filon de quartz et fluorine traversant la butte de Mercruy, près de Lentilly.

Dans son *Premier Mémoire sur les sources des environs de Lyon* (2), Fournet décrit la forme générale que présente la surface des « roches primordiales », et reconstitue les anciennes vallées de notre plateau.

Rozet, dans un *Mémoire géologique sur la masse de montagnes qui séparent le cours de la Loire de ceux du Rhône et de la Saône* (3), reconnaît notre région comme formée essentiellement d'un gneiss très feldspathique, offrant beaucoup de plis et de contournements et traversé par des filons de diverses roches. Sur la petite carte accompagnant ce mémoire, le gneiss seul est indiqué.

L'Explication de la carte géologique de la France (4) de Dufrénoy et Élie de Beaumont et la grande carte qui l'accompagne ne font connaître que le gneiss.

Dans sa *Note sur l'état actuel des connaissances touchant les roches éruptives des environs de Lyon* (5), Fournet mentionne les diverses variétés que présentent nos roches et les principales localités où on les rencontre. Pour le savant professeur, le granite porphyroïde (Dardilly, Charbonnières, le Corandin près de Chaponost, etc.) et le granite à grain moyen (Oullins, Montagny, etc.) sont de même âge et passent l'un à l'autre. Ils sont traversés par des filons de granite à grandes parties ou pegmatite et de granite à grain fin ou granulite, laquelle simule parfois un grès très fin. Sous le nom de leptynite, Fournet distingue des « masses compactes ordinairement schistoïdes » qu'il considère comme « le dernier degré d'obli-

(1) *Annales de chimie et de physique*, 2ᵉ sér., t. LXVIII (1838), p. 387.
(2) *Annales de la Société d'agriculture de Lyon*, 1ʳᵉ sér., t. II (1839), p. 187.
(3) *Mémoires de la Société géologique de France*, 1ʳᵉ sér., t. IV (1840), p. 53. — Voir aussi *Bulletin de la Société géologique*, 1ʳᵉ sér., t. VIII (1837), p. 122.
(4) 1841, t. I, p. 139.
(5) *Bulletin de la Société géologique*, 2ᵉ sér., t. II (1845), p. 495.

tération des granits » et formant des filons dans les micaschistes
ou gneiss. — La roche que ce savant avait en vue, comme je l'ai
reconnu, se rattache intimement au gneiss dans lequel on la trouve
en couches interstratifiées. — Fournet cite encore les minettes, —
nos porphyrites, — dont quelques-unes renferment de gros cristaux de feldspath, les diorites, — gneiss amphiboliques, — de
Mornant, etc.

Le même savant, dans une importante note sur la *Simplification
de l'élude d'une certaine classe de filons* (1), étudie le gneiss de
Francheville coupé par des filons de granite passant à la granulite
et à la pegmatite. Il signale la même disposition pour celui d'Irigny.

En 1848, Drian publia la *Minéralogie et pétralogie des environs de Lyon* (2). Cet ouvrage où se reflètent les idées de Fournet,
est, malgré les erreurs qu'on y relève, le plus riche que nous
possédions en observations sur les roches du plateau lyonnais. La
disposition par ordre alphabétique lui mérite plus d'un reproche,
et je ne crains pas de dire qu'il eût été avantageusement remplacé
par une deuxième édition augmentée et corrigée du manuscrit
de 1838 (3).

L'analyse de cet ouvrage serait trop longue. Il me suffit de dire que
les diverses roches (gneiss, granite, vaugnérite, granulite, pegmatite,
minette, porphyre, serpentine, etc.) de notre région y sont définies
et que l'auteur cite les localités principales où on les observe: J'ai
d'ailleurs l'occasion de le citer plusieurs fois dans ce travail.

Dans sa *Description géologique et minéralogique du département de la Loire* (4), Gruner empiète un peu sur notre département. C'est ainsi qu'il cite les gneiss du versant Est de la côte
d'Yzeron, plongeant O.–N.–O. et coupés çà et là de rares filons de
granite et d'abondante pegmatite.

Le professeur Fournet, dans une *Notice sur les matériaux*

---

(1) *Annales de la Société d'agriculture de Lyon*, 1re sér., t. VIII (1845), p. 94.
(2) *Annales de la Société d'agriculture de Lyon*, 1re sér., t. XI (1848), p. 205.
(3) *Op. cit.*
(4) Paris, 1857.

destinés au pavage de la ville de Lyon (1), parle du granite de Montagny, de Brignais, de Saint-Genis et d'Oullins, du granite porphyroïde de Charbonnières et de Tassin, du gneiss de Francheville, de Vaugneray, de la Tour-de-Salvagny, etc., du porphyre rouge des bords de l'Yzeron près de Francheville. Il y donne divers détails sur le gisement et la manière d'être de ces roches.

En 1859, la Société géologique de France tint sa réunion extraordinaire à Lyon. Elle eut l'occasion d'examiner, dans une de ses courses, les roches des environs de Charbonnières, de Marcy, de Lentilly (2).

Deux ans après, Fournet, sous le titre de *Note sur les terrains primordiaux des environs de Lyon* (3), fit paraître un long mémoire où il traite surtout de questions générales relatives aux roches (formation, composition, âge, associations, gisement, etc.). Il est surprenant d'y voir que, contrairement à ce que le titre semble indiquer, les exemples choisis par l'auteur sont surtout pris dans des régions étrangères à la nôtre. Le plateau lyonnais surtout, en raison de sa proximité de Lyon, devrait y être fréquemment cité. Nos gneiss granulitiques sont considérés par Fournet comme des micaschistes convertis en gneiss par pénétrations feldspathiques (Saint-Bonnet-le-Froid, Marcy, Francheville). La vaugnérite de la Maison-Blanche est regardée comme une roche éruptive sur l'âge de laquelle le savant professeur croit qu'on ne peut encore se prononcer, bien qu'elle soit traversée par des filons de pegmatite et de granulite. Le granite de Montagny est réuni au granite porphyroïde de Tassin, et l'auteur signale dans le premier la présence probable de l'amphibole accidentellement et par places (4).

(1) *Annales des conducteurs des ponts et chaussées*, 1858, janvier, février et mars.
(2) *Bulletin de la Société géologique*, 2ᵉ sér., t. XVI, p. 1124.
(3) *Annales de la Société d'agriculture de Lyon*, 3ᵉ sér., t. V (1861), p. 160. — *Géologie lyonnaise*, p. 368.
(4) Je n'ai fait mention que des principaux ouvrages où Fournet parle du plateau lyonnais. Dans plusieurs autres de ses nombreux travaux (voir la liste donnée par M. E. Chantre dans sa *Notice sur la vie et les travaux de Fournet*, p. 73), on trouve citées çà et là quelques-unes des localités de la région que je considère.

La même année où paraissait le mémoire précédent, Mène commençait la publication de sa *Géologie et minéralogie du département du Rhône* (1). Cet ouvrage, conçu sur un plan trop vaste, semble n'être, en grande partie, qu'une compilation des travaux antérieurs. Il fut bientôt abandonné par l'auteur. Les gisements de roches qu'il indique sont généralement les mêmes que ceux de Drian.

Dans leurs *Monographie géologique du Mont-d'Or lyonnais et de ses dépendances* (2), MM. Falsan et Locard ont décrit les roches cristallines qui entourent et supportent ce massif calcaire : les gneiss traversés par diverses roches éruptives, granite porphyroïde, granite à grains fins, minette, etc. — Mes savants confrères voudront bien me permettre une légère observation au sujet du dyke de granite porphyroïde qui vient butter contre la Barollière et le Narcel. Trompés, sans doute, par l'apparente direction que semble prendre cette masse entre Limonest et Charbonnières, ils ont prolongé cette direction qui aboutit en droite ligne à Saint-Bonnet-le-Froid. C'est en effet, des hauteurs où s'élève ce hameau qu'il font partir ce dyke important (3).

En suivant la route de Saint-Pierre-la-Palud à Grézieu-la-Varenne par Pollionay, route qui couperait infailliblement le dyke de granite porphyroïde si celui-ci possédait la direction régulière S.-O. à N.-E. qu'on lui a supposée, on voit presque à chaque pas la roche. C'est du gneiss granulitique avec parties à grands cristaux irrégulièrement disposées. Le raccordement des nombreux points où il m'a été donné d'observer le granite porphyroïde montre une direction générale N.-S., avec légère inflexion au N.-E. de la partie septentrionale du dyke, tandis que la partie méridionale s'infléchit au S.-O. C'est aussi ce qui résulte des observations de Drian (4).

---

(1) *Annales de la Société Linnéenne de Lyon*, 2e sér., t. VIII et IX, 1861-1862.
(2) *Annales de la Société d'agriculture de Lyon*, 3e sér., t. X et XI, 1866-1867.
(3) Falsan et Locard, *Monographie géologique du Mont-d'Or lyonnais*, tirage à part, p. 97 et 100.
(4) *Minéralogie et pétralogie des environs de Lyon*, tirage à part, p. 190.

Dans son *Tableau général et description des mines métalliques et des combustibles minéraux de la France* (1), Caillaux cite les gisements de plomb de Chasselay, Vaugneray, Chaponost.

A la suite d'une communication de M. Michel-Lévy à la Société géologique de France, en 1877, *sur les granulites et les porphyres de l'Autunois* (2), M. Noguès fit observer (3) qu'entre les vallées de l'Yzeron et du Garon on trouve une série de roches ayant la structure et la composition des granulites et la disposition des gneiss, mais différentes des gneiss typiques de la base du Mont-d'Or. Vers Chaponost et Beaunant, ces roches sont associées à des granulites, des pegmatites et des roches à petits grenats. — Ces observations s'appliquent très bien au gneiss granulitique de la région en question, lequel n'avait pas échappé à ce géologue ; mais, en rattachant tout ce système au vrai granite d'Oullins, l'auteur confond des formations bien différentes.

En 1880, M. F. Gonnard (4) trouva dans les filonnets de pegmatite qui coupent le gneiss granulitique de la carrière au-dessus des aqueducs de Beaunant un nouveau silicate alumineux, la *dumortiérite*, qu'il avait découvert l'année précédente, près de Chaponost. Peu après, le même gisement lui permit d'étudier un autre minéral non encore signalé dans nos environs (5).

Une autre découverte des plus intéressantes du même minéralogiste est celle de l'abondance de l'apatite dans les pegmatites de notre région (6). Ce minéral pris, le plus souvent, autrefois, pour de l'émeraude, était regardé, bien à tort, comme fort rare dans le

(1) Paris, 1875.
(2) *Bulletin de la Société géologique de France*, 3ᵉ sér., t. V, p. 328 ; t. IV, p. 729.
(3) *Ibid.*, t. IV, p. 736.
(4) *Note sur l'existence d'une espèce minérale nouvelle, la dumortiérite, dans le gneiss de Beaunant, près de Lyon (Mémoires de l'Académie de Lyon*, classe des sciences, t. XXV [1881], p. 105 ; *Bulletin de la Société minéralogique de France*, t. IV [1881], p. 2).
(5) Gonnard, *De l'existence d'une variété de gédrite dans le gneiss de Beaunant, près de Lyon (Annales de la Société Linnéenne de Lyon*, 2ᵉ sér., t. XXIX [1882), p. 136 ; *Bulletin de la Société minéralogique de France*, t. IV [1881], p. 273).
(6) Gonnard, *Note sur l'existence de l'apatite dans les pegmatites du Lyonnais (Mémoires de l'Académie de Lyon*, classe des sciences, t. XXV [1881], p. 253 ; *Bul-*

Lyonnais (1). Notre savant confrère a définitivement rectifié cette erreur.

En poursuivant ses recherches sur l'apatite, M. Gonnard a trouvé à Irigny un filon d'une roche granitique très altérée, riche en amphibole, qu'il a rapportée à la roche connue dans notre région sous le nom de vaugnérite (2).

Le plateau lyonnais doit encore au même savant une observation sur le seul gisement d'émeraude que l'on y puisse admettre avec certitude (3). C'est celui situé entre Dommartin et Lozanne. Là, le béryl est associé, dans la pegmatite, à l'apatite, à la tourmaline, au grenat.

La roche découverte, en 1836, par Fournet, aux environs de Vaugneray, et à laquelle il donna le nom de vaugnérite, vient d'être l'objet d'une étude de MM. Michel-Lévy et Lacroix (4). Ces deux savants ont reconnu que cette roche n'est qu'un granite à amphibole d'un faciès un peu spécial, mais rentrant dans le type ordinaire ; aussi ne conservent-ils pas le nom de vaugnérite qui n'a plus raison d'être, pour désigner non pas une espèce particulière de roche, mais une simple variété.

Tout récemment, M. le D*r* Depéret, professeur de géologie à la Faculté des sciences de Marseille, a publié un *Résumé géologique sur l'arrondissement de Lyon* (5). Notre plateau y est décrit dans ses traits généraux et essentiels ; les principales roches entrant dans sa constitution y sont indiquées avec quelques-unes des localités où on les rencontre.

letin de la *Société minéralogique de France*, t. IV [1881], p. 138). — *Sur la diffusion de l'apatite dans les pegmatites des environs de Lyon* (Bulletin de la Société minéralogique de France, t. V [1882], p. 327).

(1) Drian, *Minéralogie et pétralogie des environs de Lyon* (op. cit., p. 67).

(2) Gonnard, *Sur la vaugnérite d'Irigny* (Comptes rendus de l'Académie des sciences, t. XCVII [1883], p. 1155).

(3) Gonnard, *Sur deux roches à béryl et à apatite du Velay et du Lyonnais* (Comptes rendus de l'Académie des sciences, t. CIII [1886], p. 1283).

(4) *Sur le granite à amphibole de Vaugneray (vaugnérite de Fournet)* (Bulletin de la Société française de minéralogie, t. X [1887], p. 27).

(5) Extrait des *Comptes rendus du Comité d'hygiène et de salubrité publique du Rhône*. Lyon, 1887.

Le plateau lyonnais, comme je l'ai dit au commencement de cette étude, est essentiellement constitué par le gneiss coupé lui même par un certain nombre de roches éruptives. Je vais résumer brièvement les observations que j'ai pu faire sur ces diverses formations.

GNEISS ET SCHISTES ANCIENS. — Le *gneiss*, comme on le sait, est une roche essentiellement formée de quartz, de feldspath et de mica noir. Ce dernier y constitue des lits en général assez minces, entre lesquels sont des lits ordinairement plus épais, formés de feldspath et de quartz. Il en résulte que le gneiss, par suite de l'alternance des lits de teinte sombre et de teinte claire, possède une texture rubanée ou schistoïde tout à fait caractéristique.

Dans certains cas, cette texture rubanée n'est plus apparente; le gneiss ressemble plutôt à un granite : de là la variété dite *gneiss granitoïde*. La nature gneissique de cette roche est très difficile à reconnaître à l'œil, par suite de l'orientation moins accentuée des éléments; l'examen microscopique est alors indispensable. Un gneiss voisin de cette variété s'exploite sur la commune de Craponne, dans une petite carrière près et au sud-est des maisons dites Ruffier, entre l'Yzeron et la route départementale de Saint-Symphorien-sur-Coise. M. le professeur Fouqué, auquel un échantillon de cette roche a été soumis, lui trouve le caractère d'un gneiss ancien supérieur au gneiss granitoïde (1).

Des actions ultérieures ont fréquemment agi sur le gneiss, de manière à le transformer plus ou moins. Un des meilleurs exemples que l'on puisse citer de cette modification, est celle présentée par le *gneiss granulitique*. On a vu plus haut que cette variété de gneiss est due à une injection de la granulite entre les feuillets d'un gneiss normal. L'observation au microscope, et souvent même simplement à la loupe ou à l'œil, confirme cette origine, en même temps qu'elle permet de reconnaître le gneiss granulitique.

____

(1) Composition microscopique d'un échantillon de ce gneiss :
Apatite, zircon, fer titané, biotite, oligoclase, orthose. quartz.   (A. Lacroix.)

Les gneiss du plateau lyonnais semblent tous plus ou moins granulitiques. Pour les uns, cette structure ne se révèle qu'au microscope; pour les autres, elle est visible à l'œil nu et à la loupe. Dans
ces derniers, les lits clairs offrent un aspect finement grenu très
caractéristique, surtout lorsque la roche a subi un commencement
d'altération. Chez quelques-uns le mica blanc manque; chez la plupart, il est plus ou moins abondant.

Dans quelques localités, le gneiss granulitique renferme du *grenat*. Le meilleur gisement que j'en puisse citer est la carrière
exploitée au-dessus et à l'ouest de l'usine Ducarre, aux aqueducs de
Beaunant. Le gneiss de cette carrière est formé de lits minces de
mica noir, souvent assez réguliers, alternant avec des lits plus épais,
de teinte blanche ou rosée. Parfois ces lits clairs, s'élargissant
considérablement, constituent des veines irrégulières. Les veines
et les lits clairs offrent l'aspect grenu ordinaire; ils renferment une
quantité souvent très considérable de petits grenats d'un rouge rosé
et d'un diamètre moyen d'un demi-millimètre (1).

Un autre point où le gneiss granulitique est très riche en grenats,
sont les environs de Saint-Laurent-d'Agny. J'ai décrit plus haut
celui qui constitue les deux tranchées de part et d'autre de la station de ce nom. Au nord-ouest de Saint-Laurent-d'Agny, le monticule sur lequel s'élève l'ancienne chapelle de Saint-Vincent-d'Agny,
est en majeure partie formé d'un gneiss granulitique avec granulite
très grenatifère.

La *cordiérite* est encore un minéral accidentel, parfois assez
abondant, de certains gneiss de notre région, de ceux, par exemple,
que l'on observe sur les deux rives de l'Yzeron, entre le vallon du
ruisseau de Charbonnières et le viaduc de la ligne de Mornant, sur
l'Yzeron. J'ai donné, dans la première partie de cette étude, la
composition microscopique de deux échantillons de gneiss à cordiérite de la tranchée de Bel-Air, à Francheville, et de la carrière

---

(1) Composition microscopique d'un échantillon pris dans une veine claire de ce
gneiss granulitique :

Magnétite, zircon, grenat, orthose, oligoclase, quartz ;

III. Quartz de corrosion dans les feldspaths.   (A. Lacroix.)

exploitée à Brindas, sur la rive droite de l'Yzeron, en aval du viaduc. La composition est semblable pour le gneiss constituant les
blocs que l'on trouve à Craponne, sous la Patellière.

Le gneiss des environs de Francheville renferme des couches
interstratifiées de la variété de gneiss appelée *leptynite*. Le mica
noir, ordinairement peu abondant, s'y présente en paillettes semblablement orientées. Dans certaines parties le mica peut manquer ;
la roche ne renferme plus alors, comme minéraux essentiels, que le
feldspath et le quartz. Certaines de ces couches interstratifiées,
comme on l'a vu précédemment, passent dans leur partie moyenne
à la variété très compacte de leptynite, connue en Suède sous le
nom d'*hälleflinta*. Cette roche n'a été signalé jusqu'ici que dans
les micaschistes ou dans les schistes qui leur sont supérieurs. Son
existence, bien constatée ici, dans les gneiss, est un fait intéressant
qui recule la limite inférieure de son gisement.

En divers points du plateau lyonnais, on trouve, dans le gneiss,
des couches où l'amphibole, se substituant plus ou moins complètement au mica, constitue un *gneiss amphibolique*. C'est ainsi qu'à
l'extrémité nord-ouest de la tranchée de la route de Marcy-l'Étoile
à la Tour-de-Salvagny (1), vers la station de ce nom, on peut
voir une couche, peu épaisse, il est vrai, de cette roche.

Le gneiss amphibolique est surtout bien développé dans la partie méridionale du plateau lyonnais. Les tranchées de la ligne, sur
les communes de Saint-Laurent-d'Agny et de Mornant, en fournissent un bon exemple. Cette roche était regardée par Drian (2)
comme une diorite. La direction (nord-est) donnée par ce géologue
aux « filons » de cette roche est précisément celle des feuillets du
gneiss amphibolique.

Le monticule de gneiss granulitique portant la vieille chapelle de
Saint-Vincent-d'Agny possède, dans sa partie sud-est, des couches d'une structure toute particulière. C'est une roche schisteuse,
à grain de toutes grosseurs, très tenace, paraissant à l'œil exclu-

---

(1) Chemin de grande communication n° 30, de la Tour-de-Salvagny à Rive-
de-Gier.

(2) *Minéralogie et pétralogie des environs de Lyon (op. cit.,* p. 114).

sivement formée d'amphibole, de mica noir et de plagioclase plus ou moins abondant (1). Ce gneiss amphibolique présente quelque ressemblance avec certaines parties de la roche des environs de Francheville, à laquelle Fournet avait donné le nom d'*oligoclasite*(2). Cette roche n'est qu'un accident dans le gneiss et non un filon, comme le pensait le savant professeur. Le feldspath dominant, que l'on a cru pendant longtemps être l'oligoclase, a été reconnu plus tard pour l'andésine, par MM. Damour et des Cloizeaux (3).

Sans vouloir affirmer l'identité des deux roches, j'ajouterai cependant que le prolongement nord-est de la direction des couches de celle de Saint-Vincent-d'Agny passe à très peu près par la carrière du pigeonnier de Francheville (4).

Le monticule s'élevant à l'ouest de celui de la chapelle de Saint-Vincent-d'Agny, est en majeure partie formé par un micaschiste en couches verticales et interstratifiées dans le gneiss granulitique. Ce micaschiste se montre aussi au nord de Saint-Vincent-d'Agny. Il semble identique à celui que l'on observe près de Lyon, à la partie inférieure de la nouvelle route de Vaise à Écully.

Une des variétés les plus curieuses de notre gneiss est celle où l'on observe de gros cristaux simples ou mâclés d'orthose. Ce *gneiss à grands cristaux* offre lui-même deux variétés principales dues à l'action, l'une du granite porphyroïde, l'autre de la granulite. J'en parlerai à propos de ces deux roches.

Le gneiss franchement granulitique est très abondant dans le plateau lyonnais. C'est lui qui constitue la chaîne d'Yze-

(1) Composition microscopique d'un échantillon de ce gneiss amphibolique :
Sphène, apatite, magnétite, hornblende, biotite, labrador, oligoclase (peut-être andésine?). (A. Lacroix.)

(2) Fournet, *Géologie lyonnaise (op. cit.*, p. 614). — Drian, *Minéralogie et pétralogie (op. cit.*, p. 289).

(3) *Bulletin de la Société minéralogique de France*, t. VII (1884), p. 322.

(4) Pour aller au pigeonnier de Francheville, on prend, au sud-est de ce village, un chemin se détachant de la route départementale, 200 mètres avant le pont sur l'Yzeron. Ce chemin monte, dans la direction de l'Est, à Sainte-Foy. A 400 mètres environ de la route, il coupe le gneiss dit *oligoclasite*.

ron (1) et ses dépendances. Sur le versant ouest de cette chaîne, le gneiss granulitique passe sous les schistes amphiboliques et chloriteux de la vallée de la Brevenne.

A Lentilly, sous le hameau de Buvet, se trouve une grande carrière où l'on a exploité un gneiss granulitique très feldspathique et d'un faciès tout à fait particulier (2). La schistosité s'y manifeste par l'orientation uniforme du mica noir et l'étirement des éléments; mais la structure rubanée n'apparaît pas très nettement sur la tranche.

Nous avons vu qu'à partir de Soucieu, la ligne rencontre des schistes d'une nature particulière. A Soucieu, le ruisseau du Furon y a creusé sa vallée. Plus loin, dans la direction de Saint-Laurent - d'Agny, les talus des tranchées présentent des mélanges très irréguliers des schistes et des gneiss. On a vu qu'en ces points, les gneiss ont un plongement très fort, sont verticaux et même renversés, et que leurs couches sont contournées; parfois ce n'est plus qu'un brouillage des deux roches. Tout indique qu'à une certaine époque, cette partie de notre région a été violemment bouleversée.

Ces schistes que j'ai désignés dans la seconde partie de cette étude sous le nom de *schistes de Soucieu,* sont fort anciens. Ils sont antérieurs au granite porphyroïde qui les injecte (schistes à grands cristaux de feldspath de la tranchée après la station de Soucieu). M. Michel–Lévy les place dans l'étage des schistes supérieurs à celui des gneiss et micaschistes, ou même dans le cambrien (3).

---

(1) Analyse microscopique d'un échantillon du *gneiss granulitique* de Pied-Froid, près Yzeron :

Sphène, zircon, amphibole, biotite, oligoclase, microcline, orthose, quartz ;

III. Quartz de corrosion dans les feldspaths.   (A. Lacroix.)

(2) Analyse microscopique d'un échantillon du *gneiss granulitique* de Buvet :

Zircon, apatite, biotite, oligoclase, orthose, quartz, muscovite ;

III. Quartz de corrosion.   (A. Lacroix).

(3) Je dois la reconnaissance de ces schistes à M. Michel-Lévy. — Dans une excursion que j'ai eu l'avantage de faire récemment avec lui, ce savant a bien voulu approuver les observations que j'avais faites sur les roches du plateau lyonnais et m'encourager dans mes recherches.

Peut-être ces schistes ont-ils leurs analogues, pour ne pas dire leur ancien prolongement, dans certains schistes de la vallée de la Brevenne! Ces derniers ont toujours été regardés comme très anciens par les géologues qui les ont observés. Fournet (1) les rangeait dans le cambrien; Gruner (2) les rapportait à la période antésilurienne.

Nos schistes cambriens faisaient sans doute partie d'une vaste nappe dont on ne retrouve plus aujourd'hui que des lambeaux plus ou moins restreints et disloqués.

Les gneiss et les schistes du plateau lyonnais sont traversés par des dykes ou des filons de diverses roches éruptives, granite, granulite et pegmatite, microgranulite, orthophyre et porphyrite. Je dirai un mot de chacune d'elles.

GRANITE. — Le *granite* présente la même composition essentielle que le gneiss, quartz, feldspath et mica noir; mais il en diffère par son caractère éruptif, l'absence de rubanement et de schistosité, la disposition sans ordre apparent des divers éléments.

Le granite constitue dans le sud-est du plateau lyonnais une importante masse, activement exploitée dans de nombreuses carrières, notamment aux environs de Chassagny et de Montagny. Par place, on voit ce granite se charger d'amphibole et former ainsi une roche d'un aspect spécial et de teinte sombre (3). L'amphibole de couleur vert foncé se distingue facilement à l'œil et à la loupe.

Les environs d'Oullins offrent aussi une masse de granite qui n'est sans doute que le prolongement de la précédente.

La partie sud-ouest du plateau lyonnais renferme une autre masse

---

(1) *Bulletin de la Société géologique*, 2e sér., t. XVI (1859), *op. cit.*, p. 1132. — *Géologie lyonnaise (op. cit.*, 1861, p. 269).

(2) *Description géologique du département de la Loire (op. cit.*, 1857, p. 149).

(3) Composition microscopique du *granite à amphibole* de Sourzy, près de Montagny :

Apatite, magnétite, sphène, biotite, amphibole, oligoclase, labrador, orthose, quartz granitique ;

III. Quartz de corrosion dans les feldspaths.   (A. Lacroix.)

allongée, non moins importante, de granite dans lequel l'abondant développement, par places, de gros cristaux simples ou mâclés d'orthose, donne lieu à la variété dite *granite porphyroïde* ou *granite à grands cristaux*. Cette roche couvre une grande partie du territoire des communes de Rontalon, Thurins, Soucieu et Messimy (1), où de nombreuses carrières y sont ouvertes (2). La section de Craponne-Mornant la coupe entre le Pont-Pilon, sur le ruisseau de Messimy, et la tranchée sous Verchery, à l'Est de ce hameau.

Au nord-nord-est de cette masse, dans la direction de son allongement, on voit affleurer le granite porphyroïde au Boulcau, entre Brindas et Chaponost, et au nord du hameau de Bruissin. La section de Saint-Just-Vaugneray coupe cette roche vers la Patellière. Dans les chemins descendant au moulin du Gore, sur la rive gauche de l'Yzeron, cette roche est en quelque sorte associée à un gneiss à grands cristaux, résultat de son injection.

En remontant dans la direction du nord, on retrouve le granite porphyroïde entre Tassin et Saint-Genis-les-Ollières (3) où une grande carrière y est ouverte, à Méginant, à l'est de Marcy-l'Étoile, au bois de l'Étoile, à Barilly. La ligne Lyon-Saint-Paul à Montbrison le traverse entre les stations de Charbonnières et de la Tour-de-Salvagny. MM. Falsan et Locard (4) ont décrit et signalé cette roche aux environs de Limonest où elle butte contre la base ouest du mont Narcel, de Dardilly où elle se montre généralement à l'état de gore, de Charbonnières où, quoique altérée, plusieurs exploitations y sont ouvertes.

Bien qu'il ne soit pas possible de reconnaître, en la suivant pas à pas, la continuité des divers points où affleure le granite porphy-

---

(1) Le chef-lieu de ces quatre communes est presque à la limite du gneiss et du granite porphyroïde.

(2) Composition microscopique d'un échantillon de *granite porphyroïde* des environs de Soucieu-en-Jarret :

Zircon, apatite, biotite, oligoclase, microcline, orthose, quartz, muscovite;

III. Quartz de corrosion dans les feldspaths. (A. Lacroix.)

(3) Au bord du chemin d'intérêt commun, no 49, avant le pont sur le ruisseau de Méginant.

(4) *Monographie du Mont-d'Or* (op. cit., p. 97, et carte géologique

roïde, je crois que l'on est autorisé à le considérer comme formant un immense dyke irrégulier, rétréci dans sa partie moyenne dont la direction générale est environ N.-S. La partie septentrionale du dyke s'infléchit au N.-N.-E. et la partie méridionale, au S.-O.

Le granite porphyroïde englobe des nodules plus ou moins volumineux, très micacés (1), tranchant par leur teinte sombre sur la roche grisâtre qui les renferme. Il est traversé par des filons de granulite et pegmatite et de diverses porphyrites ou orthophyres. Il peut aussi, par places, se charger d'amphibole.

Une variété de *granite à amphibole*, caractérisée particulièrement par le mica noir en grandes lames, est celle des environs de Vaugneray, la *vaugnérite* de Fournet. Le gisement classique de cette roche est au sud-est de Vaugneray, près et au sud du hameau de la Maison-Blanche, où elle est coupée par la route de Vaugneray à Brindas et par divers chemins. Le ruisseau d'Yzeron y a creusé son lit. Plusieurs anciennes carrières ont été ouvertes dans cette roche, près du pont du Pinay.

Dans cette localité, le granite à amphibole forme un dyke de 500 mètres environ de puissance, encaissé dans le gneiss granulitique à grands cristaux d'orthose. Les bords du dyke sont dans un état de kaolinisation assez avancé ; la partie médiane, quoique tenace, est en voie d'altération.

Voici l'analyse microscopique de cette roche, donnée par MM. Michel-Lévy et Lacroix (2).

I. Apatite, zircon, sphène, hornblende, biotite, labrador, oligoclase, orthose ;

II. Orthose récent, quartz granitique ;

III. Épidote, produits micacés de décomposition des feldspaths.

De minces filons de granulite et de porphyrite (3) coupent ce granite à amphibole.

---

(1) Fragments de *gneiss ancien*, dont voici la composition :
 Zircon, apatite, biotite, oligoclase, orthose, quartz. (A. Lacroix.)
(2) *Sur le granite à amphibole de Vaugneray (op. cit.*, p. 28).
(3) Analyse microscopique d'un échantillon de *porphyrite micacée et pyroxé-*

Au cours de mes pérégrinations dans la région, il m'a été donné de reconnaître un autre gisement de granite à amphibole (vaugnérite) absolument semblable à celui dont il vient d'être question. Ce gisement est situé près de Messimy, au nord du hameau de la Roche ; il est entamé par plusieurs chemins. La roche affleure aussi à la surface du sol ; elle a été exploitée en divers endroits.

Entre deux points où se reconnaît très nettement ce granite à amphibole, on peut voir, sur le bord du ruisseau de Messimy, une ancienne exploitation ouverte dans un granite de teinte plus claire, à grain plus fin, renfermant par places quelques grandes lames de mica semblables à celles du granite à amphibole (vaugnérite) et quelques cristaux d'amphibole également semblables (1). A côté d'échantillons de granite normal, on peut recueillir d'autres échantillons qui, par la présence d'un peu d'amphibole et de quelques grandes lames de mica, me semblent pouvoir être regardés comme intermédiaires au granite normal et au granite à amphibole. C'est une nouvelle preuve que la vaugnérite n'est qu'un accident du granite ordinaire.

Le gisement de Messimy ne fait sans doute qu'un avec celui de Vaugneray, bien que la roche ne puisse se suivre sans interruption, à cause des cultures. Entre les hameaux des Granges et du Guillermier, cependant, il semble que l'on peut voir le trait d'union des deux gisements, dans un granite à l'état de gore, paraissant, il est vrai, privé d'amphibole. Ce gore granitique est exploité sur le bord du chemin reliant les deux hameaux.

En admettant la continuité des deux gisements, le granite à amphibole (vaugnérite) se montrerait sur une longueur de près de 3 kilomètres, entre la Maison-Blanche et Malataverne.

---

nique, provenant d'un petit filon situé près du pont du Pinay, sur la route de Brindas, sous le petit mur à l'angle du chemin de Messimy :

I. Biotite, pyroxène ;

II. Microlithes de pyroxène, de biotite (rare), matières amorphes avec plages feldspathiques ;

III. Talc.   (Michel-Lévy et Lacroix, *id.*, *op. cit.*, p. 31.)

(1) Analyse microscopique d'un échantillon de ce granite :

I. Apatite, grenat, biotite, pyroxène (rare), amphibole, labrador, oligoclase ;

II. Orthose, quartz.   (A. Lacroix.)

Il est surprenant que le gisement que je viens d'indiquer n'ait pas été déjà signalé par les anciens géologues lyonnais. Le granite à amphibole de Messimy, en effet, affleure à la surface du sol et a été exploité. Drian (1), cependant, nous apprend que Thiollière avait retrouvé la vaugnérite sur le chemin d'un moulin (2) à l'Est de Messimy. Je n'ai pu reconnaître le gisement ; mais rien ne s'oppose à ce que cette roche y existe. Quant à la diorite donnée par Drian comme liée à cette vaugnérite, c'est un filon de porphyrite dans laquelle l'amphibole se présente en cristaux aciculaires.

Fournet (3), en parlant de la vaugnérite comme d'un gros amas presque circulaire, montre qu'il ne connaissait que le gisement de la Maison-Blanche. Il en de même pour Mène (4).

Tout porte à croire que ce dyke de granite à amphibole n'est qu'un rameau de la grande masse de granite porphyroïde.

Ce granite porphyroïde, agissant sur le gneiss en contact avec lui, l'a transformé en *gneiss à grands cristaux* d'orthose (5). Dans cette variété de gneiss, la disposition par lits du mica est peu ou pas apparente sur la tranche de la roche, c'est-à-dire sur une coupe perpendiculaire aux plans de schistosité. Ceux-ci forment des surfaces micacées irrégulières, offrant un aspect tantôt comme rayé et cannelé, tantôt comme poli à la manière d'une surface de glissement. Ces surfaces sont entre elles à des distances très variables, depuis un millimètre, à peine, jusqu'à un ou deux centimè- tres environ. Les gros cristaux d'orthose sont le plus souvent disposés suivant les plans de schistosité ou à peu près ; mais il n'est pas rare de trouver dans une position différente, certains de ces cristaux qui jouent alors le rôle de rivets augmen- tant l'adhérence des lits de ce gneiss. Ces gros cristaux et une

---

(1) *Minéralogie et pétralogie des environs de Lyon (op. cit.*, p. 513).

(2) Ce ne peut être que le moulin Bressot, sur le Garon, au pont de la route de Soucieu.

(3) *Géologie lyonnaise (op. cit.*, p. 609).

(4) *Géologie et minéralogie du département du Rhône (op. cit.*, p. 71).

(5) C'est la roche désignée par M. Michel-Lévy sous le nom de *granite gneissique* ou *gneiss granitique (Bulletin de la Société géologique*, 3e sér., t. VII, 1879. p. 854).

partie des autres éléments de la roche, doivent être regardés comme postérieurs à la formation du gneiss qui les renferme et dus à l'imprégnation du granite porphyroïde.

Comme gisements où l'on peut facilement étudier ce gneiss à grands cristaux d'orthose, je citerai : 1° une carrière exploitée au sud-ouest de Chaponost, avant la vallée du Garon (1), et les chemins avoisinants; 2° les deux tranchées précédant la station de Soucieu, ainsi que les divers chemins à proximité; 3° les alentours du hameau de Marjon, au sud-ouest de Soucieu.

Le granite porphyroïde a agi sur les schistes à son contact, d'une manière analogue à celle de son action sur les gneiss. Son imprégnation a produit ces schistes noirs à grands cristaux blancs d'orthose du commencement de la tranchée venant après la station de Soucieu. C'est à la même action, sans doute, qu'il faut attribuer la feldspathisation des schistes coupés par la seconde partie de cette tranchée et par celle qui suit le viaduc, ainsi que les schistes affleurant en ce point sur les deux rives du Furon.

Granulite et pegmatite. — La *granulite* est une roche granitique à grain fin, composée typiquement de quartz, de feldspath et de mica blanc. C'est la définition générale adoptée aujourd'hui (2); mais les variétés de cette roche sont nombreuses. Le mica noir vient souvent s'ajouter au mica blanc, et quelquefois le remplacer plus ou moins complètement. Le mica blanc, de son côté, peut manquer; la granulite ne renferme plus alors que feldspath et quartz, ce dernier pouvant d'ailleurs n'être qu'en grains microscopiques.

Il est à remarquer que cette définition de la granulite s'applique à la plupart des roches désignées sous ce nom par les anciens géologues lyonnais (3), lesquels avaient parfaitement reconnu sont

(1) Entre les maisons dites Boissière et Combarembert.

(2) Michel-Lévy, *Groupe des granulites (Bulletin de la Société géologique,* 3e sér., t. II [1874], p. 180). — De Lapparent, *Géologie,* 2e édition, 1885, p. 599.

(3) Fournet, *Sur l'état actuel des connaissances,* etc. *(op. cit.,* p. 497). — Drian, *Minéralogie et pétralogie, op. cit.,* p. 192.

gisement en filons dans le gneiss, et dans le granite ordinaire dont elle ne constitue pas qu'une simple variété.

Une autre roche, la *leptynite,* a été quelquefois confondue avec la granulite. Les divers auteurs qui ont écrit sur les roches sont d'accord pour assimiler la leptynite d'Haüy à la granulite de Léonhardt et des auteurs allemands (1). C'est une roche cristallophyllienne subordonnée au gneiss et nullement éruptive. Fournet et Drian ont nommé leptynites des roches rentrant, partie dans les granulites, partie dans les leptynites.

La *pegmatite* est une roche qu'il est assez difficile de séparer de la granulite dont elle semble n'être qu'une variété à gros éléments. Sa composition essentielle est la même : quartz, feldspath et mica blanc. Si l'on rencontre des filons de granulite et des filons de pegmatite, on rencontre aussi des filons formés de ces deux roches passant plus ou moins insensiblement l'une à l'autre. Les filons de cette dernière sorte abondent dans le plateau lyonnais.

La granulite, dont les innombrables filons, en général de peu d'épaisseur, sillonnent les roches de notre région, a particulièrement agi sur les gneiss pour les modifier. C'est là, comme je l'ai déjà fait remarquer, l'origine de nos gneiss granulitiques dont les multiples variétés sont si largement représentées dans nos environs. Parmi celles-ci, la plus curieuse est celle renfermant de gros cristaux de feldspath. Ces cristaux, simples ou mâclés, sont, en général, incomplets et à contours arrondis, tandis que ceux provenant de l'action du granite sont bien formés et à angles très nets.

Cette variété de gneiss granulitique à grands cristaux se montre en une foule de points. La localité où elle m'a paru le plus développée sont les environs de la Maison-Blanche, au sud-est de Vaugneray.

Il serait difficile, tant ils sont nombreux, d'énumérer les gise-

---

(1) Al. Brongniart, *Classification et caractères minéralogiques des roches,* 1827, p. 72. — Cordier et Ch. d'Orbigny, *Description des roches,* 1868, p. 68. — Michel-Lévy, *Groupe des granulites (op. cit.,* p. 178).

Je ne cite pas Coquand *(Traité des roches,* 1857), pour lequel l'espèce *granite* (p. 41) comprenait non seulement la granulite, la pegmatite, l'hyalomicte, la leptynite, etc., mais encore le gneiss.

ments de granulite qui coupent le plateau lyonnais. La description des tranchées de la ligne de Lyon-Vaugneray-Mornant m'a fourni l'occasion d'en signaler un certain nombre.

La pegmatite est aussi largement représentée ; ses filons sont un important gisement de minéraux dans le plateau lyonnais. Le plus remarquable de ces filons est celui que l'on trouve entre Dommartin et Lozanne. C'est le seul gisement authentique de l'émeraude dans notre région (1). Ce minéral y est associé à la tourmaline, à l'apatite, au grenat. Les filons de pegmatite de Montagny sont classiques pour nous. Exploités autrefois, ils ont fourni de remarquables échantillons de tourmaline (2). J'ai observé, dans un de ces filons de pegmatite, du feldspath rempli de longues et minces fibres de quartz pegmatoïde, semblablement orientées, rappelant même parfois une véritable pegmatite graphique (3).

Ce feldspath à quartz pegmatoïde ne doit pas être confondu avec le feldspath renfermant de petites masses irrégulières et arrondies de quartz dit de corrosion. Ce dernier s'est consolidé postérieurement au feldspath qui l'englobe et qu'il a corrodé. Dans ce cas, les surfaces brillantes de clivage du feldspath montrent distinctement de petites taches ternes, à forme plus ou moins hiéroglyphique, rappelant vaguement les sections transversales des longs prismes de quartz pegmatoïde. Le quartz de corrosion est très fréquent dans le fedspath de nos roches ; dans les pegmatites, en particulier, il est susceptible de prêter à la confusion que je signale, si l'on n'apporte qu'un coup d'œil superficiel à son examen.

Sans revenir sur la pegmatite à tourmaline et gros grenats, entamée, lors de l'établissement de la ligne, à Pierres-Blanches, près de la limite des trois communes de Soucieu, Orliénas et Saint-Laurent-d'Agny, je citerai encore la pegmatite si riche en apatite et tourmaline de la carrière du Diable à Irigny (4).

---

(1) Gonnard, *Sur deux roches à béryl*, etc. *(op. cit.)*.
(2) Drian, *Minéralogie et pétralogie (op. cit.*, p. 508).
(3) Composition microscopique d'un échantillon de cette roche :
Microcline avec filonnets d'albite, quartz pegmatoïde.   (A. Lacroix.)
(4) Gonnard, *Sur la diffusion de l'apatite*, etc. *(op. cit.)*.

Roches porphyriques. — Les *roches porphyriques* sont des roches éruptives anciennes, essentiellement caractérisées par la présence, en quantité plus ou moins considérable, d'une pâte paraissant compacte et homogène à l'œil nu et à la loupe. Dans cette pâte sont disséminés des cristaux plus ou moins abondants, de taille variable, de quartz, de feldspath, de mica, etc., que l'œil peut discerner et auxquels s'ajoutent quelquefois des cristaux plus volumineux, donnant à la roche une structure particulière. Cette structure a été nommée *porphyroïde* parce qu'elle est bien réalisée dans beaucoup de porphyres où elle a été prise pour type (1). La pâte, examinée au microscope, se montre formée de petits cristaux : de là l'expression de *pâte microcristalline.*

Dans certaines de ces roches, l'examen microscopique de la pâte révèle une structure granulitique, c'est-à dire identique à celle des granulites. Cette structure, n'étant visible qu'au microscope, est dite microgranulitique. Les roches ainsi caractérisées ont reçu de M. Michel-Lévy le nom de *microgranulites* (2). Elles comprennent une grande partie de celles vulgairement désignées sous le nom de *porphyres.*

Il est encore une autre sorte de roches porphyriques, offrant d'ailleurs tous les passages aux précédentes, abondamment représentées dans notre région ; ce sont celles que l'on désigne aujourd'hui sous les noms *d'orthophyres* et de *porphyrites.* Ces roches correspondent à celles que les anciens géologues lyonnais nommaient *diorites* et *minettes* (3). Leur pâte est formée de petits

---

(1) Comme on le voit, les deux épithètes *porphyrique* et *porphyroïde* ne sont pas synonymes. Conformément à la plupart des auteurs, je nomme roche porphyrique une roche renfermant une pâte cristalline dont le microscope seul permet de distinguer les éléments ; réservant, à leur exemple, le qualificatif de porphyroïdes aux variétés se distinguant par la présence de grands cristaux surajoutés, en quelque sorte, à une roche quelconque. La grande ressemblance de ces deux mots qui représentent deux idées différentes, a fait adopter, non sans raison, par plusieurs auteurs, l'expression *à grands cristaux,* à la place du mot *porphyroïde.*

(2) Michel-Lévy, *Mémoire sur les divers modes de structure des roches éruptives étudiées au microscope au moyen de plaques minces (Annales des mines,* 7ᵉ sér., t. XVIII [1875], p. 382). — *Caractères microscopiques des roches anciennes acides (Bulletin de la Société géologique,* 3ᵉ sér., t. III [1875], p. 206).

(3) Drian, *Minéralogie et pétralogie; op. cit.,* p. 115 et 282.

éléments cristallins plus ou moins allongés *(microlithes)* parmi lesquels figurent l'orthose (orthophyres) et les plagioclases (1) (porphyrites). La présence, dans ces roches, de grands cristaux de feldspath, donne lieu à des variétés porphyroïdes.

Dans la région que j'ai parcourue, la microgranulite *(porphyre quartzifère)* est bien représentée par un filon dont on voit un affleurement sur la commune de Messimy, au hameau des Hautes-Bruyères (2). Il y est coupé par un chemin sur une longueur d'environ 15 mètres. Un autre gisement de cette même roche m'a été signalé par M. le Dr Lortet, au nord et non loin du précédent, près du sommet couvert de pins et coté 505 sur la carte de l'État-major. Ce gisement est aujourd'hui caché par les cultures; mais des travaux de minage en ont fait extraire des blocs que l'on voit entassés à proximité et le long du chemin formant la limite des communes de Messimy et de Vaugneray, entre le sommet 505 et le nouveau chemin montant de Messimy. Le raccordement des deux gisements paraît donner au filon une direction N.-S.

Notre région renferme quelques autres filons de microgranulite. Je rappelle celui coupé par notre ligne près de la Patellière *(porphyre granitoïde,* de Fournet) et affleurant aussi en face, sur la rive droite de l'Yzeron, où il a été exploité malgré son état d'altération.

Au col de la route de Pollionay à Saint-Pierre-la-Palud (3) on voit affleurer un autre filon de microgranulite (4). Il en est de même à Mosœuvre, à l'ouest de Lentilly, où le chemin au nord de ce hameau coupe un filon de cette roche.

Les filons d'orthophyres et de porphyrites sillonnent le plateau

---

(1) Les plagioclases sont les feldspaths qui cristallisent dans le système oblique ou triclinique. Ce sont le microcline, l'albite, l'oligoclase, le labrador, l'anorthite.

(2) Analyse microscopique d'un échantillon de cette roche :
    I. Biotite, oligoclase, orthose, quartz;
    II. Magma microgranulitique, quartz globulaire, mica.   (A Lacroix.)

(3) Lieu dit *la Croix-du-Banc.*

(4) Analyse microscopique d'un échantillon de cette roche :
    I. Biotite, sphène, orthose, oligoclase;
    II. Magma microgranulitique à grands éléments;
    III. Chlorite.   (A. Lacroix.)

lyonnais. Certains d'entre eux présentent des types de passage entre ces deux roches par suite du mélange des microlithes d'orthose et d'oligoclase dans la pâte; d'autres, par la présence du quartz et de l'orthose dans la pâte, passent à la microgranulite.

Ces roches possèdent généralement des teintes sombres, le noir, le noir plus ou moins verdâtre, quelquefois rosé. L'altération éclaircit ces teintes et finit par donner une masse argileuse grisâtre, verdâtre ou jaunâtre. Quelques-unes semblent à l'œil absolument compactes ou montrent quelques petits cristaux aciculaires d'amphibole; chez d'autres, le mica noir très abondant est bien visible; d'autres paraissent comme grenues sans permettre cependant à l'œil la distinction facile des éléments; d'autres, par la grosseur des éléments, tendent à présenter une structure granitoïde; d'autres offrent une opposition tranchée dans la teinte de leurs éléments; d'autres sont porphyroïdes; etc.

Je rappelle, sans m'y arrêter de nouveau, les nombreux filons de cette sorte coupés par la ligne de Vaugneray et Mornant, voulant indiquer encore quelques autres gisements de ces roches dans la région qui nous occupe.

Vers la limite des communes de Pollionay, Sourcieux-sur-l'Arbresle et Saint-Pierre-la-Palud, près du col de la route de Pollionay à Saint-Pierre, on voit affleurer une roche marron-rougeâtre, porphyroïde, assez semblable à certains porphyres. C'est un *orthophyre passant à la microgranulite* (1).

Sur le flanc droit et vers le sommet du vallon escarpé au pied duquel s'élève le petit village de Saint-Laurent-de-Vaux, près de Vaugneray, existent plusieurs filons de porphyrite, dont l'affleurement est recouvert par les cultures. Leur existence est décelée par les nombreux blocs formant des murs en pierres sèches, le long des chemins, ou employés à la construction des maisons voisines. De récents travaux de minage ont fait extraire de ces blocs, à

---

(1) Analyse microscopique d'un échantillon de cette roche:
    I. Apatite, magnétite, quartz, biotite, oligoclase, orthose;
    II Orthose, mica (altéré), quartz (rare);
    III. Chlorite, calcite,   (A. Lacroix.)

proximité du petit hameau des Terres. Dans ces roches, l'amphibole se montre en petits cristaux aciculaires bien visibles à l'œil et à la loupe (1).

Au-dessus et à l'Est de ce gisement, près du sommet 505 dont il a été question à propos de la microgranulite, on trouve associés aux blocs de cette roche, d'autres blocs formés d'une porphyrite un peu altérée, de teinte marron-rougeâtre. C'est une *porphyrite andésitique et amphibolique micacée* (2).

A Craponne, sur les bords d'un chemin descendant des maisons dites Viard au ruisseau d'Yzeron, la porphyrite a été exploitée autrefois pour le pavage des rues de Lyon. On y retrouve encore de nombreux blocs d'une *porphyrite andésitique et amphibolique micacée passant à l'orthophyre* (3). Cette roche, à l'œil et à la loupe, ressemble beaucoup à celle affleurant sous la Patellière et dont il a été parlé dans la première partie de ce travail. Près de là, le long du même chemin, on trouve aussi des blocs d'une roche tout particulièrement curieuse en ce qu'elle offrirait le *type granitoïde des orthophyres et porphyrites micacés et amphiboliques*. Par sa composition (4) et sa structure elle passe à plusieurs

(1) Analyse microscopique de trois échantillons de ces porphyrites :
       1° *Porphyrite amphibolique et micacée à pyroxène :*
   I. Apatite, magnétite, pyroxène ;
   II. Biotite, amphibole, labrador, oligoclase ;
   III. Chlorite, calcite, etc.
       2° *Porphyrite andésitique et amphibolique :*
   I. Apatite, sphène ;
   II. Amphibole, oligoclase ;
   III. Chlorite épigénisant l'amphibole.
       3° *Diorite andésitique micacée* (type granitoïde de porphyrite) :
   Apatite, amphibole, biotite, oligoclase, orthose ;
   III. Quartz de corrosion, épidote, chlorite.   (A. Lacroix.)
(2) Analyse microscopique d'un échantillon de cette roche :
   I. Apatite, magnétite ;
   II. Biotite, amphibole, oligoclase, orthose ?, quartz ;
   III. Chlorite, hématite, etc.   (A. Lacroix.)
(3) Analyse microscopique d'un échantillon de cette roche :
   I. Sphène, apatite ;
   II. Biotite, amphibole, oligoclase, orthose.   (A. Lacroix.)
(4) Analyse microscopique d'un échantillon de cette *porphyrite granitoïde :*
   Apatite, biotite, hornblende, oligoclase, orthose ;
   III. Quartz de corrosion, calcite.   (A. Lacroix.)

roches granitiques. On peut la regarder, en effet, comme intermédiaire entre la *diorite micacée*, par l'oligoclase, l'hornblende et le mica, la *kersantite*, par l'oligoclase et le mica, et la *syénite micacée* par l'orthose et l'hornblende (1).

Une roche de composition analogue à la dernière, mais d'aspect différent, forme, à l'extrémité ouest de la commune de Francheville, un filon de 30 à 35 mètres de puissance. Ce filon, dirigé O.-N.-O, est coupé obliquement par le chemin des Hôteaux à Craponne, un peu avant le ruisseau d'Yzeron. La partie coupée est à l'état de gore dans lequel se montrent des nodules ou blocs arrondis de roche saine. Cette roche, de structure granitoïde, est essentiellement composée d'amphibole hornblende abondante et bien visible, de mica noir et de feldspath de teintes rosée et verdâtre. C'est une *diorite andésitique micacée passant à la syénite* (2).

Non loin et au sud de ce filon, vers le croisement du même chemin avec celui de Chalinet à Bruissin, on a exploité autrefois une roche de teinte générale grise, riche en grandes lames de mica noir. C'est une *kersantite* (3).

La direction générale de nos filons de porphyrite varie entre N.-O. et O.-N. O. Ils se trouvent indistinctement dans le gneiss, le granite, la granulite, les schistes anciens. On sait que les porphyrites datent de l'époque permo-carbonifère. Aucun gisement du plateau lyonnais, il est vrai, n'en peut être invoqué comme preuve ; mais l'identité de ces roches avec celles qu'a étudiées M. Michel-Lévy dans le Morvan (4) et dans le Beaujolais (5), ne permet pas de douter de l'âge des porphyrites de notre région.

---

(1) Communication de M. A. Lacroix.
(2) Analyse microscopique d'un échantillon de cette roche :
Apatite, hornblende, biotite, magnétite, oligoclase, orthose ;
III. Chlorite, mica blanc, quartz de corrosion.   (A. Lacroix.)
(3) Analyse microscopique d'un échantillon de cette roche :
Sphène, apatite, biotite, oligoclase ;
III. Quartz de corrosion, calcite, chlorite.   (A. Lacroix.)
(4) Michel-Lévy, *Note sur les porphyrites micacées du Morvan* (*Bulletin de la Société géologique*, 3e sér., t. VII [1879], p. 873).
(5) Michel-Lévy, *Note sur les roches éruptives basiques, cambriennes du Mâ-*

ALTÉRATION DES ROCHES. — Les diverses roches dont il vient d'être question se présentent tantôt plus ou moins intactes, tantôt à des degrés divers et très irréguliers de désagrégation et d'altération.

Un premier exemple nous est fourni par le gneiss à cordiérite des deux rives de l'Yzeron, entre le viaduc sur ce ruisseau et le vallon d'Alaï. En aval du viaduc de l'Yzeron, en effet, au coude que fait ce ruisseau en face de Moulin-Vieux, le gneiss est intact à peu près jusqu'à la surface du sol. Dans la première tranchée après le viaduc d'Alaï, le gneiss à cordiérite, traversé par de nombreuses couches de leptynite, offre un commencement d'altération se traduisant à l'œil, particulièrement par la teinte violacée du mica et la teinte gris verdâtre de la cordiérite. Malgré cela, la roche est encore très tenace (1). L'altération se manifeste surtout à la limite des couches de leptynite. Il en résulte des bancs de roche dure séparés par de minces lits argileux, lesquels, par suite de l'inclinaison des strates, constituent des surfaces de glissement.

Entre les deux premières tranchées, l'altération se montre par bancs. On voit des bancs de gneiss dur alternant avec des bancs de gneiss réduit à l'état de gore argileux. Dans la seconde tranchée, l'altération envahit toute la masse qui n'est plus qu'un gore argileux dans lequel cependant on trouve encore la roche saine, mais à l'état de blocs arrondis, de nodules plus ou moins volumineux. C'est ce même état d'altération que l'on observe sous la Patellière, dans le vallon de l'Yzeron, et auquel sont dus ces blocs très durs de gneiss et de porphyrite signalés précédemment. A les voir isolés le long du chemin, plus ou moins près du ruisseau, on pourrait les prendre pour des blocs roulés par les eaux, si la nature n'était, en quelque sorte, saisie sur le fait. Il est même très probable que

connais et du Beaujolais (Bulletin de la Société géologique, 3e sér., t. XI [1883], p. 273).

(1) Cette roche a été exploitée, antérieurement à l'établissement de la ligne, dans une carrière contiguë à la tranchée. Les matériaux extraits de cette carrière et de la tranchée, ont servi à la construction du plusieurs stations, de divers ponts et des murs de soutènement à la gare de Saint-Just.

la plupart des gros blocs encombrant en ce point le lit de l'Yzeron n'ont pas d'autre origine.

Je ferai la même observation pour les blocs arrondis, généralement de gneiss granulitique, que l'on trouve isolés ou parfois entassés sur nos montagnes. Outre que leur altitude est déjà une raison suffisante pour exclure toute idée de transport par les eaux, la composition de ces blocs, absolument identique à celle de la roche qui les supporte, est encore un argument en faveur du mode de formation que je leur attribue. Ce mode de formation est loin d'être spécial à notre région ; il a été signalé à peu près partout où le sol est constitué par des roches cristallophylliennes ou cristallines.

L'état de gore argileux présenté par les diverses variétés de gneiss est dû à la kaolinisation plus ou moins complète des feldspaths constituants. Dans la variété à grands cristaux, il n'est pas rare que l'altération de ces cristaux soit moins avancée que celle des autres éléments, ce qui permet de recueillir les premiers assez facilement. La même remarque s'applique aux autres roches à grands cristaux ou porphyroïdes.

Parfois l'altération, envahissant le mica et les autres minéraux ferrugineux, produit une rubéfaction plus ou moins profonde de la masse, par suite de la mise en liberté, à l'état de sesquioxyde, du fer que renferment ces minéraux. Les exemples de rubéfaction du gneiss sont fréquents dans notre région. Je me bornerai à citer la partie supérieure de l'ancienne route de Beaunant à Chaponost, la nouvelle route rectifiée entre Francheville-le-Bas et Francheville-le-Haut, la partie inférieure de la nouvelle route de Vaise à Écully, etc.

Le gneiss nettement granulitique est sujet aux mêmes altérations et les deux premiers exemples que je viens de mentionner s'appliquent particulièrement à lui. Les tranchées de la section de Mornant offrent tous les degrés d'altération de ce gneiss.

Il en est de même pour les granites, les granulites et les orthophyres et porphyrites. Ces dernières, plus particulièrement, présentent ce mode d'altération dont il a été déjà question, caractérisé par des nodules plus ou moins volumineux de roche saine disséminés dans la même roche à l'état de gore argileux, ordinairement de teinte jaunâtre pour les porphyrites micacées. C'est l'origine de ces blocs arrondis que l'on trouve si fréquemment le long des chemins et à la surface des champs. Il n'est pas surprenant qu'une étude superficielle de leurs conditions de gisement ait pu attribuer leur présence à un phénomène de transport. C'est ainsi qu'un échantillon de l'ancienne collection de la Faculté des sciences a été désigné « diorite en blocs erratiques près de Messimy ». J'ai retrouvé cette roche à l'Est de ce village : c'est une porphyrite andésitique et amphibolique, en blocs arrondis dus à la cause que je viens d'indiquer.

Ce qui frappe surtout dans l'altération des roches du plateau lyonnais, c'est l'irrégularité. En effet, sans qu'on en puisse comprendre la raison, on trouve, dans une même localité, la même roche tantôt affleurant intacte à la surface du sol, tantôt plus ou moins profondément altérée. Les innombrables cassures qui sillonnent ces roches peuvent bien être invoquées comme une cause facilitant la profondeur de l'altération ; mais les parties qui affleurent intactes m'ont toujours paru aussi fissurées que les autres. L'influence du voisinage ou du contact des filons n'offre, non plus, rien de régulier. Les cassures sont bien visibles dans les tranchées de la ligne ; elles impriment parfois une légère dénivellation aux filons et aux couches interstratifiées. Par leur disposition, elles sont, dans les tranchées un peu profondes, une cause d'éboulements.

Minéraux. — Je ne reviendrai pas sur les minéraux qui forment le cortège des pegmatites, tels que la tourmaline, l'apatite, le grenat ; mais, en terminant la seconde partie de cette étude, je veux parler de quelques filons qui, par leur constitution, ne rentrent pas dans ceux dont il a été déjà question.

A 3 kilomètres et demi de la Maison-Blanche, sur la route d'Yzeron, en face de la borne kilométrique 13^{km},6, s'exploite depuis longtemps un filon de *barytine* mentionné par Drian (1). Ce filon,

(1) *Minéralogie et pétralogie (op. cit.,* p. 30).

d'une puissance moyenne de 1^m,50, plonge presque verticalement ;
sa direction est à peu près O. à E. Il est formé d'une barytine
lamellaire avec barytine plus compacte, blanche ou rosée, renfermant du quartz hyalin, compacte et blanc, du quartz calcédonieux,
de la fluorine jaunâtre, verdâtre et violacée, des mouches et des
veinules de galène, des grains de pyrite cuivreuse. Ce filon est encaissé par le gneiss granulitique.

Un autre filon de barytine bien connu des géologues lyonnais
est celui de Chaponost (1). Ce filon, inexploité depuis longtemps,
est situé vers les aqueducs romains, au lieu dit le Plat--de-l'Air.
Il n'est plus représenté aujourd'hui que par des blocs que l'on trouve
le long des chemins et dans les murs de cette localité. La galène y
est associée à la barytine. A 150 mètres environ de là, l'ancienne
route de Chaponost à Beaunant, au commencement de la descente,
coupe un mince filon de barytine de 60 à 70 centimètres d'épaisseur:
dirigé N.-O. comme celui des aqueducs. Un peu plus bas, après
le tournant, on en voit un autre également peu important et parallèle au précédent.

Plus bas, la même route passe à côté d'une ancienne galerie où
l'on a tenté l'exploitation d'un minerai de fer. C'est de l'*oligiste
compacte* (hématite rouge) imprégnant le gneiss granulitique dans
lequel il remplit aussi des fentes, mélangé à des fragments de gneiss
et associé à un peu de barytine. Ce minerai, peu riche d'ailleurs,
renferme trop d'argile et de silice pour que son exploitation puisse
être fructueuse.

Près de Lentilly, sur le versant nord-est du crêt de Mercruy, on
peut observer, dans le gneiss, une fente remplie de fragments de
gneiss cimentés par un hématite rouge, quartzeuse, plus pauvre
que la précédente. Dans les intervalles, on trouve du quartz et de
la *fluorine* violette, cristallisée en petits cubes.

(1) Drian, *Minéalogie et pétralogie* (op. cit., p. 30).

TROISIÈME PARTIE

Les alluvions anciennes du plateau lyonnais.

On a vu, dans la première partie de ce travail, que la ligne de Lyon à Vaugneray coupe des alluvions anciennes de deux sortes. Les unes sont formées d'éléments venus de l'Est, comme l'indiquent les grès-quartzites, roche de provenance alpine, si abondante dans ce premier système d'alluvions, où elle se trouve associée à des roches granitiques, des calcaires noirs, etc., provenant des chaînes des Alpes, à des calcaires divers comme il s'en rencontre dans les chaînes du Jura. Les géologues désignent ces alluvions sous le nom d'*alluvions alpines*. Une liste bien complète des éléments qui entrent dans leur constitution a été donnée par MM. Falsan et Chantre (1).

Le second système d'alluvions est formé d'éléments venus de l'ouest, comme le montre leur composition identique à celle des roches qui constituent le plateau lyonnais et le versant Est de la chaîne d'Yzeron : ce sont des gneiss, du quartz, des roches granitiques et porphyriques. J'ai eu occasion de les énumérer dans la première partie. La provenance de ces alluvions leur fait donner le nom d'*alluvions lyonnaises*.

J'examinerai successivement les deux systèmes d'alluvions.

I. — ALLUVIONS ALPINES

La première partie de cette étude a montré que les alluvions alpines offrent, au point de vue de leur degré d'altération, deux types bien différents.

(1) *Monographie géologique des anciens glaciers et du terrain erratique de la partie moyenne du bassin du Rhône;* 1880, t. II, p. 70.

Le premier type est caractérisé par l'absence d'élément calcaire, par l'altération très avancée des roches granitiques qui se brisent au moindre choc et s'effritent sous les doigts, par l'altération plus ou moins profonde des grès-quartzites dont les cailloux ont généralement la couche périphérique colorée en jaunâtre ou rougeâtre, par la quantité d'argile (1) répandue dans le sable qui agglomère les cailloux ou qui forme des lentilles plus ou moins volumineuses, par la teinte ocreuse de la masse, teinte due à la présence du sesquioxyde de fer à l'état libre. La ligne de Vaugneray, comme on l'a vu, a coupé ce type d'alluvions à la gare de Saint-Just, aux Granges, aux Massues, à la Patellière.

Le second type d'alluvions alpines est caractérisé par l'intégrité de ses éléments. Les cailloux calcaires y abondent ; les roches granitiques, généralement moins nombreuses que dans le premier type (2), sont intactes ou peu altérées ; les diorites surtout sont remarquables par leur dureté ; les grès-quartzites sont aussi intacts ; le sable qui emballe les cailloux et forme des lentilles dans la masse, ne renferme que peu d'argile (3) ; la teinte du gravier et du sable est d'un gris clair. Partout où des infiltrations d'eau chargée de calcaire ne se sont pas répandues dans la masse pour la transformer en un poudingue d'une dureté parfois très considérable, ces alluvions sont très meubles et le vent a sur elles une prise facile. Enfin, les débris de fossiles remaniés, mollusques, bryozoaires, etc., plus ou moins roulés que l'on trouve dans les alluvions alpines, ne se rencontrent que dans le second type ; le premier en est totalement dépourvu (4).

La partie supérieure de ce second type présente, il est vrai, sur une profondeur variable, en général de 1 à 3 mètres, un

---

(1) 8 à 15 pour 100 et quelquefois davantage.

(2) Ce caractère a été reconnu et regardé comme des plus constants par M. le Dr Depéret dans une savante *Note sur les terrains de transport alluvial et glaciaire des vallées du Rhône et de l'Ain, aux environs de Meximieux (Ain) (Bulletin de la Société géologique*, 3{e} sér., t. XIV [1885], p. 122).

(3) 1/2 à 3 pour 100 environ ; quelquefois même moins encore.

(4) M. F. Fontannes, le premier, a signalé ce caractère de différenciation, dans les alluvions alpines du plateau bressan *(Etude sur les alluvions pliocènes et quaternaires du plateau de la Bresse dans les environs de Lyon ;* 1884, p. 9).

certain degré d'altération qui rappelle celle du premier type; mais, outre que dans celui-ci les caractères de l'altération se sont montrés constants sur des profondeurs de 10 et 12 mètres, la partie supérieure du second type est moins cohérente que la masse du premier, par suite d'une teneur plus faible en argile, et la kaolinisation des roches feldspathiques y est moins complète. Ce second type des alluvions alpines a été traversé par la ligne de Vaugneray aux Grandes-Terres et de la Demi-Lune au Pont-d'Alaï.

Un fait curieux et très important à signaler est le rapport qui existe entre le type d'alluvions et l'altitude de la localité où il se rencontre. Celle-ci, pour le second type, est toujours inférieure à celle du premier. La limite est vers 260 mètres. En effet, le premier type, celui des alluvions jaunâtres et argileuses, atteint les cotes suivantes : 275 mètres à la gare de Saint-Just, 265 mètres à la tranchée des Granges, 262 mètres à la tranchée de la Patellière. Ces nombres doivent être respectivement remplacés par les suivants qui correspondent aux collines ou plateaux entamés par les tranchées indiquées : 290 mètres pour Loyasse, 275 mètres pour le plateau des Granges et du Point-du-Jour, 265 mètres pour le plateau de Craponne vers la Patellière et même 275 mètres vers la Tourette. Le second type d'alluvions présente 255 mètres environ aux Grandes-Terres et 215 mètres en moyenne dans la plaine de la Demi-Lune. Dans tous les autres points du plateau lyonnais où se montrent les alluvions alpines, j'ai toujours constaté ce rapport entre le type d'alluvions et l'altitude.

Ces deux types si différents d'alluvions alpines doivent-ils être répartis dans deux subdivisions différentes de l'échelle géologique, ou ne forment-ils qu'un même tout? C'est ce qu'il importe maintenant d'examiner.

Je n'entreprendrai pas l'analyse des ouvrages qui ont paru jusqu'à ces derniers temps, et ont traité la question des alluvions alpines aux environs de Lyon. Ce travail a été très soigneusement fait par MM. Falsan et Chantre dans leur *Monographie géologique des anciens glaciers et du terrain erratique de la partie moyenne du bassin du Rhône* (1), un des plus beaux monuments élevés à la mémoire de nos anciens glaciers. Il suffit de citer l'opinion de ces deux géologues, opinion qui dérive des travaux de leurs devanciers et surtout de leurs propres observations.

« Nous pensons, disent-ils (2), qu'il faut relier aux terrains quaternaires la partie supérieure des alluvions anciennes et qu'il est nécessaire d'établir des divisions chronologiques dans cette masse énorme de graviers et de sables; mais nous reconnaissons que dans une coupe naturelle de ce terrain de transport, il est impossible de tracer des limites entre ces divers groupes. Toute cette formation résulte de la même cause; ses éléments ont été arrachés aux mêmes roches, soumis aux mêmes influences. Son aspect et sa composition pétrologiques doivent donc être identiques dans tout l'ensemble. » Le classement est donné dans un tableau synoptique (3) où l'on voit les alluvions alpines réparties dans le pliocène moyen et supérieur et dans le quaternaire. Le dépôt de nos alluvions anciennes, succédant à celui des *sables ferrugineux de Trévoux* dont ces géologues font le pliocène inférieur, a commencé avec le pliocène moyen; il s'est épaissi progressivement, à la façon des dépôts ordinaires, pour se terminer, dans l'époque quaternaire, aux dépôts des moraines des anciens glaciers. Ces moraines forment ainsi le couronnement des alluvions. La plus grande masse de ces alluvions est quaternaire; seuls les bancs les plus inférieurs sont pliocènes (4). Telle est, en résumé, l'opinion de nos deux savants géologues.

En 1884, un autre géologue lyonnais, bien connu par ses remarquables travaux sur les terrains tertiaires du bassin du Rhône, M. Fontannes, publia une *Étude sur les alluvions pliocènes et quaternaires du plateau de la Bresse dans les environs de Lyon* (5). Une classification entièrement nouvelle de nos alluvions

(1) 1879; tome I, p. 431.
(2) Tome II, p. 65.
(3) Tome II, p. 32.
(4) Tome I, p. 447 et 448.
(5) Lyon, septembre 1884. — Ces lignes étaient écrites, lorsque survint la mort aussi inopinée que regrettable de Francisque Fontannes (29 décembre 1886). Cette perte,

alpines y est présentée. La masse principale des alluvions du pla -
teau bressan, de la base au sommet, est placée dans le pliocène supérieur. Ces alluvions pliocènes sont caractérisées, d'après l'auteur,
par le degré d'altitude de leur partie supérieure toujours plus élevée
que celle des alluvions venues ultérieurement, par l'altération de
certains de leurs éléments, en particulier des roches feldspathiques, et la teinte jaunâtre générale de la masse, par leur exten-
tion géographique beaucoup plus grande, etc. Leur liaison intime
sur de nombreux points avec les sables à *Mastodon Arvernen-
sis* les rattache à ceux-ci dont ils représentent le faciès termi-
nal (1).

D'après M. Fontannes, après le dépôt de ce premier système d'alluvions qui avait comblé en partie la vallée du Rhône, celle-ci fut
recreusée et c'est dans cette nouvelle vallée que se déposa un second
système d'alluvions, les alluvions quaternaires. Ces dernières ont
une teinte générale grise et sont plus meubles ; leurs éléments ne
sont pas altérés ; elles renferment de nombreux débris de coquilles
de l'helvétien supérieur ; leur altitude est inférieure à celle des
alluvions pliocènes contre lesquelles elles forment aujourd'hui des
terrasses dont la plus importante est la partie méridionale du
plateau bressan, de Sathonay à la Croix-Rousse : c'est la « terrasse
de Caluire ».

Ces deux types d'alluvions, d'après les conclusions du travail de
ce géologue, « forment deux groupes absolument distincts, séparés
par une discordance de ravinement (2) aussi profonde, aussi cons-

irréparable pour les nombreux amis du savant géologue, est un immense deuil pour
la géologie et en particulier pour celle de notre région. Les succès mérités qui étaient
déjà venus récompenser les travaux et l'infatigable activité de Fontannes, sont le gage
des services que la géologie était encore en droit d'attendre de lui, si cette existence
si bien remplie se fût prolongée.

(1) Fontannes, *Étude sur les alluvions du plateau de la Bresse*, etc. *(op. cit.,*
p. 22).

(2) Ce ravinement des alluvions pliocènes par les alluvions quaternaires est admis
par la plupart des géologues qui ont étudié, dans ces dernières années, nos formations de transport (Depéret, *Note sur les terrains de transport*, etc. ; *op. cit.,* p. 123.
— Delafond, *Note sur les alluvions anciennes de la Bresse et des Dombes (Bulletin de la Société géologique de France*, 3ᵉ sér., t. XV [1886], p. 65).

tante que la classification la plus rigoureuse peut l'exiger à la limite de deux grandes périodes » (1).

Il n'est pas nécessaire de faire ressortir la divergence qui existe entre ces deux opinions; il suffit de comparer les deux citations pour sentir les différences profondes qui les séparent. Pour MM. Falsan et Chantre, la masse des alluvions alpines qui se sont déposées aux environs de Lyon avant la plus grande extension des glaciers, est une, de la base au sommet, quoique appartenant à plusieurs périodes. Pour M. Fontannes, au contraire, ces alluvions forment deux groupes très distincts appartenant chacun à une période distincte.

Lorsque je commençais mes observations, au début des travaux de construction de la ligne de Vaugneray, parut le travail de M. Fontannes. Je fus frappé, comme tous ceux qui l'ont lu, de l'originalité de cette division de nos alluvions alpines, et, naturellement, je cherchais si elle s'appliquerait à celles que la nouvelle ligne devait couper.

Les sondages préalables au creusement de la tranchée des Granges avaient donné un gravier jaunâtre, très argileux, riche en quartzites, à roches feldspathiques très altérées, etc., et très différent de celui que l'on exploite dans les gravières des Grandes-Terres, situées à 200 mètres à peine de ce point. Cette différence ne fut rendue que plus évidente par l'ouverture de cette tranchée où, sur une hauteur de 10 mètres, le gravier jaunâtre et argileux maintient d'une manière absolue la constance de ses caractères.

Après avoir étudié les diverses tranchées avec tout le soin que réclamait une question aussi délicate et observé toutes les coupes ou excavations que j'ai pu rencontrer dans le plateau lyonnais, je vis que seule l'opinion de M. Fontannes pouvait me rendre compte de cette différence de composition de mes deux types d'alluvions, et du rapport aussi constant que remarquable qui existe entre cette différence et l'altitude. Pourquoi, en effet, dans cette région, les

____

(1) Fontannes, *Étude sur les alluvions du plateau de la Bresse*, etc.; *op. cit.*, p. 22.

gisements d'alluvions très meubles, de teinte grise, n'atteignent-ils jamais l'altitude de 260 mètres, et pourquoi les sommets constitués par les alluvions argileuses, de teinte jaunâtre, dépassent-ils toujours cette altitude? — Attribuer au hasard ce remarquable rapport entre l'altitude et le type de ces alluvions me paraît inacceptable.

L'objection que pourraient faire les géologues qui n'admettent pas encore la division des alluvions alpines en deux groupes distincts séparés par une discordance de ravinement, est que les alluvions grises sont la partie inférieure non encore altérée des alluvions jaunâtres et ont été mises à nu par l'érosion ultérieure de ces dernières. — Une coupe bien distincte où l'on verrait la ligne de contact des deux types serait des plus intéressantes. On n'en a pas rencontré jusqu'ici, il est vrai; mais, au fond, est-elle indispensable pour entraîner la conviction? Ne suffit-il pas de deux points rapprochés montrant d'une part une masse d'alluvions grises, d'autre part une masse d'alluvions jaunâtres au même niveau ou à un niveau inférieur à celui des premières, ou bien encore les alluvions grises s'élevant plus haut que les couches qui supportent les alluvions jaunâtres! Si les tranchées de la ligne de Vaugneray et les excavations naturelles ou artificielles du plateau lyonnais ne présentent rien d'assez net sous ce rapport, il n'en est heureusement pas de même des bords du plateau bressan. Je ne puis mieux faire que renvoyer au remarquable travail de M. Fontannes et aux coupes qui l'accompagnent (1). Les escarpements et les tranchées du chemin de fer de Lyon à Trévoux, entre Sathonay et Fontaines, la coupe du ravin de Sermenaz, peuvent satisfaire toutes les exigences.

Dans cette étude si difficile de la stratigraphie des alluvions anciennes, la structure et l'altitude ne sont pas les seuls facteurs qui peuvent intervenir; le relief du sol est aussi d'un grand secours.

En parcourant la bordure ouest du plateau pliocène du Point-du-

____

(1) Fontannes, *ibid.*, *op. cit.*

Jour, l'observateur remarque à ses pieds, à 50 mètres en contre-bas, la plaine de la Demi-Lune dont le sol est constitué par les alluvions quaternaires. Une pente rapide fait communiquer le plateau à la plaine. Celle-ci est bordée du côté opposé par le plateau de Craponne et d'Écully recouvert de lambeaux d'alluvions pliocènes et dont l'altitude se raccorde assez bien à celle du plateau du Point-du-Jour. On reconnaît facilement que la plaine de la Demi-Lune est une vallée d'érosion occupée autrefois par un important cours d'eau, le Rhône (1), comme le montrent nettement ses alluvions identiques à celles du fleuve actuel. En allant du côté de Francheville, la vallée se rétrécit, et, à 400 mètres environ en amont du confluent du ruisseau de Charbonnières et de l'Yzeron, les diverses formations présentent la disposition que montre la figure 3 de la planche accompagnant cette étude (2).

Si nous nous transportons de là à Trion et aux Grandes-Terres, nous constatons une disposition analogue, mais avec des dimensions moindres et une altitude plus élevée. De part et d'autre, en effet, nous trouvons collines et plateau formés par les alluvions plio-cènes : d'un côté la colline de Loyasse et Fourvière (altitude maxima 295 mètres), de l'autre, l'extrémité nord de la colline de Sainte-Foy (altitude 300 mètres) et le plateau du Point-du-Jour (altitude 275 mètres). Entre les deux est une dépression dont le sol est formé par des alluvions semblables en tous points à celles de la plaine de la Demi-Lune, et s'élevant à l'altitude de 250 à 260 mètres. Le seul fait qui semble cacher dans cette dépression les caractères d'une vallée d'érosion, est l'existence, dans sa moitié nord-ouest, de deux petits vallons latéraux dont la pente assez inclinée se dirige vers le Plan-de-Vaise. C'est là sans doute la

---

(1) Fontannes, *Note sur les alluvions anciennes des environs de Lyon (Bulletin de la Société géologique de France*, 3e sér., t. XIII [1884], p. 65).

(2) Cette disposition en terrasses des alluvions alpines quaternaires se continue plus au sud, comme on peut le voir, entre Francheville et Beaunant. Mais c'est surtout entre Brignais et Givors, dans la vallée inférieure du Garon, que ces terrasses sont le mieux accusées ; sous Montagny, particulièrement, elles sont remarquablement mani-festes. L'altitude de leur surface permet de les raccorder à celles de Francheville et à la plaine de la Demi-Lune.

cause qui a fait méconnaître jusqu'ici cette haute vallée. Mais, à part cette disposition particulière, tout indique qu'autrefois un bras du Rhône passait là, séparant l'îlot de Loyasse–Fourvière de l'île de Sainte-Foy-le-Point-du-Jour (1).

Les alluvions des Grandes-Terres, par leur composition aussi bien que par leur altitude, se raccordent parfaitement à celles de la partie méridionale du plateau bressan, de la haute terrasse de Caluire de M. Fontannes, et à celles qui, sur la rive droite de la Saône, constituent la terrasse sur laquelle s'élève le Petit-Lycée de Saint-Rambert. La haute terrasse des Grandes-Terres est un lambeau de cette nappe d'alluvions que déposa le Rhône lorsque le confluent de ce fleuve avec la Saône, comme nous l'a révélé M. Fontannes, était dans le voisinage de Fontaines-sur-Saône et au pied de Sathonay (2).

L'étude des phénomènes de transport qui se sont produits dans les temps quaternaires montre que nos vallées sont allées en s'approfondissant sans cesse, en même temps que leurs cours d'eau diminuaient de plus en plus d'importance. Aussi trouvons-nous les alluvions alpines non seulement sur nos plateaux actuels, mais encore sur les flancs de nos vallées où ces dépôts constituent aujourd'hui, à plusieurs niveaux, des terrasses plus ou moins bien conservées. Il en résulte que l'âge de ces alluvions est d'autant plus ancien que l'altitude maxima du dépôt que l'on considère est plus élevée. De là cette succession chronologique des alluvions anciennes : *alluvions des plateaux, alluvions des terrasses, alluvions des vallées.*

Si l'on veut classer de la sorte les alluvions anciennes alpines de la ligne de Vaugneray, on les disposera de la manière suivante :

Pliocène supérieur : Alluvions des plateaux : Loyasse, le Point-du-Jour, Craponne. . . . . 290 à 275ᵐ.

(1) Planche, figure 4.
(2) Fontannes, *Note sur les alluvions,* etc. (*Bulletin de la Société géologique de France, op. cit.,* p. 64).

	Alluvions des hautes terrasses : les Grandes-	
Quaternaire	Terres.	260 à 250ᵐ.
	Alluvions des basses terrasses ou des hautes	
	vallées : la Demi-Lune.	220 à 210ᵐ.

La disposition toute particulière de la haute terrasse des Grandes-Terres mérite de fixer un instant notre attention.

Après le percement du tunnel de Saint-Irénée (1), l'ingénieur Delaval publia, dans le *Bulletin de la Société de l'industrie minérale de Saint-Étienne* (2), une étude sur les travaux exécutés pour l'établissement de cet ouvrage d'art, et sur les terrains qui avaient été rencontrés dans le forage des puits d'essai. L'auteur y donna une coupe géologique suivant l'axe du tunnel, coupe qu'il dressa en collaboration avec le professeur Fournet.

En 1873, dans une savante étude géologique (3), M. Falsan reproduisit cette coupe et l'accompagna d'une autre plus détaillée, dressée d'après la coupe technique des puits du tunnel par les ingénieurs de la Compagnie Paris-Lyon-Méditerranée. En 1880, il inséra cette même coupe détaillée dans la *Monographie des anciens glaciers* (4).

Sous une épaisseur variable de lehm et de terrain morainique, on voit 10 à 22 mètres de gravier avec sable et lits d'argile, formant une couche continue qui recouvre les dépôts inférieurs. Le gravier exploité dans les gravières de MM. Canque et Thozet nous indique la nature de ce gravier : ce sont les alluvions alpines quaternaires avec tous les caractères que j'ai indiqués. D'ailleurs le tunnel passe à peu près sous l'exploitation de M. Thozet.

La coupe de M. Falsan montre la continuité de l'assise caillouteuse de la partie supérieure de la terrasse de Grandes-Terres, depuis son extrémité nord-ouest, au-dessus du Plan-de-Vaise, jusqu'à Choulans son autre extrémité.

(1) 1853 à 1855.
(2) 1856, t. 1, *op. cit.*, p. 351.
(3) *Note sur la constitution géologique des collines de Loyasse, Fourvière et Saint-Irénée; op. cit.*
(4) *Op. cit.*, t. II, p. 68.

Ce gravier supérieur surmonte une vaste lentille de sable ferrugineux et d'argile jaune de près de 1 kilomètre de longueur, sur 13 mètres de hauteur maxima. Au-dessous est une lentille d'argile grise plus longue mais moins épaisse (8 mètres) que la précédente, et recouverte à ses deux extrémités par le gravier supérieur. Sous ces diverses formations existe un banc sableux d'une épaisseur de 9 à 22 mètres occupant à peu près toute la longueur de la coupe. C'est cette assise qu'à la suite de Fournet et de Delaval, M. Falsan assimila à la mollasse miocène de même type que celle des balmes de Saint-Fons. Sous ces sables viennent d'autres assises argileuses, sableuses et caillouteuses dont je parlerai plus loin à propos des alluvions lyonnaises.

L'étude des dépôts argileux et sableux compris entre les graviers supérieurs et les assises inférieures indiquées en dernier lieu, est impossible aujourdhui. Les caractères qui en ont été donnés, lors de la construction du tunnel, sont absolument insuffisants ; les échantillons de ces formations n'ont pas été conservés. On trouve des sables et des argiles à trop de niveaux pour espérer, en l'état actuel des choses, répartir ces dépôts entre tel ou tel groupe.

Le point le plus important ici est l'assise sableuse que, sans preuves suffisantes, on a assimilée à la mollasse.

Les alluvions alpines renferment des bancs de sable tantôt meuble, tantôt agglutiné en un grès calcaire. La ressemblance avec les sables et les grès de la mollasse est bien grande. J'ai cependant constaté, dans la région qui m'occupe, quelques différences entre ces divers sables. Le sable des alluvions alpines quaternaires renferme moins d'argile que celui de la mollasse de Saint-Fons ; sa teinte est plus claire. Le sable des alluvions alpines pliocènes ne renferme pas de calcaire tandis que celui de la mollasse, comme celui des alluvions alpines quaternaires, en possède. Mais en examinant des sables provenant des alluvions pliocènes de Sathonay, j'ai trouvé des grains calcaires comme dans la mollasse et une proportion d'argile à peu près égale. Mes observations sur les grès correspondant à ces divers sables m'ont donné des résultats identiques. Les grès quaternaires se distinguent d'ordinaire assez facilement des autres par une teinte plus claire, due à leur ciment calcaire parfois très abondant et bien visible à la loupe. Le grès des alluvions pliocènes de Sathonay sont souvent d'une telle ressemblance avec ceux de la mollasse de Saint-Fons qu'à première vue la confusion est possible.

Je conclus de cela qu'au point de vue de la composition, il n'y a pas plus de raison pour rapporter à la mollasse qu'aux alluvions alpines ou à toute autre formation intermédiaire, le sable du tunnel de Saint-Irénée.

Si j'aborde maintenant le côté paléontologique, je constate qu'aucun fossile n'a été signalé dans le sable du tunnel. Delaval est muet sur ce point. Fournet n'en dit pas davantage; et personne ne doutera que le silence du savant professeur puisse être interprété autrement que dans un sens négatif. Je citerai même, à ce propos, un fait qui me semble de quelque valeur.

Dans une des séances de la Société d'agriculture, histoire naturelle et arts utiles de Lyon, en 1856, le professeur de géologie de la Faculté des Sciences, parlant de l'*alluvion rouge des Étroits*, dépôt dont il sera question plus loin, ajouta que « cette alluvion a été rencontrée dans le tunnel de Fourvière, et ici elle est placée sous la mollasse marine qui, elle-même, est placée sous le conglomérat bressan ». Mais son confrère et collègue, le professeur Jourdan, lui demande « sur quoi il s'appuie pour constater la présence de la mollasse marine dans la localité indiquée, s'il y a trouvé des fossiles marins et quels sont ces fossiles », ajoutant que, pour lui, ces terrains du tunnel sont « du même âge et dans les mêmes conditions que ceux de Fourvières, de la Croix-Rousse, de Caluire et ceux de Saint-Clair et du pont de Vassieux (1) ».

Fournet ne répondit jamais à cette provocation scientifique.

L'observation de Jourdan était, au fond, exacte. Nulle part, en effet, il n'est question de fossiles trouvés dans la prétendue mollasse traversée par les puits du tunnel. D'ailleurs, en eût-on trouvé, qu'il eût encore fallu s'assurer que le dépôt n'avait pas été rema-

____
(1) *Ann. de la Soc. d'agr. de Lyon*, 2ᵉ sér., t. VIII, procès-verbaux, p. II.

nié. L'erreur de Jourdan, comme on le sait, était de reconnaître à nos alluvions alpines une origine marine. Il basait son opinion sur la présence de débris de coquilles qui n'y sont qu'à l'état remanié.

En 1873, M. Falsan donna comme coupe géologique de la colline de Fourvière, Saint-Irénée et Sainte-Foy, la coupe du puits n° 4 du tunnel de Saint-Irénée. Ce puits a été foré dans le quartier de Trion (1); sa profondeur est de 88 mètres. Dans cette coupe, l'auteur mentionne des fossiles dans les assises comprises entre les graviers supérieurs alpins et les assises caillouteuses inférieures (2). Mais, dans les pages qui précédent, il indique la provenance de ces fossiles. C'est ainsi que les dents de *Dinotherium* qu'il place dans les sables de sa mollasse proviennent, comme il le dit lui-même (3), des fossés du fort Loyasse et de la montée des Anges. Ces dents ont été trouvées dans des couches dépendant très probablement des alluvions alpines; elles ne pouvaient y être qu'à l'état remanié. M. Falsan, d'ailleurs, admet sans difficulté la possibilité de ce remaniement. Pour les dents de *lamna* et les débris de balanes, le savant géologue les cite d'un gisement de « mollasse fossilifère » situé dans le vallon de Gorge-de-Loup, à l'entrée du tunnel de Loyasse (4).

Rien ne prouve la continuité de cette formation sableuse très restreinte, avec celle du tunnel de Saint-Irénée. De plus il est difficile d'être assuré que ce dépôt fossilifère soit bien en place. Aussi me semble-t-il prudent de réserver la question de la stratigraphie de la coupe de Gorge-de-Loup. Quant à l'assise sableuse inférieure du tunnel de Saint-Irénée, sa position stratigraphique, dans l'état actuel des choses, reste inconnue; elle le sera, tant que de nouvelles excavations, malheureusement peu probables, ne viendront pas en permettre l'étude.

La discontinuité indiquée par la différence de constitution des

(1) On en voit l'ouverture sur le bord de la rue des Fossés-de-Trion.
(2) Falsan, *Note sur la constitution géologique*, etc. (*op. cit.*, p. 10).
(3) Falsan, *ibid.*, *op. cit.*, p. 6 et 7.
(4) Ligne Lyon-Saint-Paul à Montbrison.

alluvions alpines des collines de Loyasse, de Sainte-Foy et du plateau du Point-du-Jour d'une part, d'autre part des alluvions alpines des Grandes-Terres et de Trion, entraîne une conséquence inévitable. La coupe du tunnel de Saint-Irénée ne peut plus être donnée comme type de la constitution géologique de la colline de Loyasse, Fourvière et Sainte-Foy, puisqu'elle passe par un accident de cette colline.

Avant de terminer ce qui a trait aux alluvions alpines du plateau lyonnais, je tiens à les comparer, au point de vue de leur état, à celles qui ont été étudiées par M. Fontannes aux environs de Lyon, sur le pourtour du plateau bressan.

Les alluvions alpines quaternaires des Grandes-Terres et de la plaine de la Demi-Lune présentent les mêmes caractères que celles de Sathonay, de Bas-Neyron, etc. Leur teinte générale est grisâtre; l'élément calcaire y abonde; elles renferment des débris roulés de coquilles; on y trouve une faible quantité d'argile et d'oxyde de fer libre; elles sont très meubles, sauf dans les points où des infiltrations d'eau chargée de calcaire les ont transformées en un poudingue souvent très dur.

Les alluvions alpines pliocènes offrent une différence assez forte qui porte sur le degré d'altération. Celles des environs de Sathonay, de Miribel, etc., sont plus meubles que celles de Loyasse, le Point-du-Jour, etc., par suite d'une moindre proportion d'argile; elles renferment des cailloux calcaires dont beaucoup, il est vrai, ont la partie périphérique altérée ou la surface rugueuse, indice de l'action des eaux d'infiltration, tandis que les secondes en sont totalement privées. L'altération des roches feldspathiques semble aussi un peu moins générale dans celles du plateau bressan que dans celles du plateau lyonnais. Tout, en un mot, indique une altération plus énergique dans celles-ci que dans celles-là. Mais ce n'est là qu'un faciès purement local; les caractères généraux restent les mêmes.

Si l'on veut étudier la stratigraphie des alluvions alpines aux environs de Lyon, les gisements classiques sont Sathonay, Bas-Neyron, Miribel. Mais si l'on veut des caractères de différenciation très marqués, au point de vue de leur constitution, entre les deux types d'alluvions alpines, c'est à la ligne de Vaugneray qu'on donnera la préférence.

II. — ALLUVIONS LYONNAISES

Nous avons reconnu, dans la première partie de cette étude, que les alluvions lyonnaises coupées par la ligne de Vaugneray, renferment les diverses roches qui se rencontrent dans le bassin de l'Yzeron. Parmi celles-ci dominent le quartz, par suite de sa résistance à l'altération, et le gneiss granulitique si abondamment répandu dans la région. La masse présente une teinte grise, verdâtre ou rougeâtre, très différente de celle des alluvions alpines.

Peut-être objectera-t'on que ces dépôts sableux et caillouteux auxquels je donne le nom d'*alluvions lyonnaises*, pourraient, au moins pour la plus grande partie, s'être formés en quelque sorte sur place. L'état d'altération des roches de la région, la présence dans ces dépôts de nombreux cailloux semblables aux roches de la localité, seraient des arguments en faveur de l'objection.

Je suis loin de méconnaître que, dans ces gisements, la localité même où ils se rencontrent ait pu fournir une partie de leurs éléments; mais je ne crains pas d'affirmer que la majeure partie, sinon la presque totalité de ces cailloux et de ces blocs, a été soumise à un véritable transport. Ce transport, souvent, il est vrai, de peu d'étendue, par suite de la longueur restreinte du bassin, n'en est pas moins évident. Les cailloux et les blocs de gneiss granulitique rosé et rougeâtre de la tranchée de la Patellière, par exemple, ne sauraient provenir de cette localité même dont le substratum est un gneiss d'un type tout différent. Les environs de Vaugneray, au contraire, fournissent un gneiss semblable à celui qui constitue les cailloux en question. Les cailloux anguleux de quartz, si abondants dans les alluvions lyonnaises de la Patellière, n'ont pu être fournis par cette localité seule où les veines et filons de quartz sont bien loin d'être aussi nombreux que dans le revers

Est de la chaîne d'Yzeron. Des observations analogues s'appliquent aux autres roches de ces alluvions.

Quant à l'action du charriage sur ces cailloux, je rappellerai les expériences de M. Daubrée (1). Des fragments anguleux de granite et de quartz ont exigé un trajet de 25 kilomètres pour l'entier arrondissement des angles. Nos cailloux sont loin d'avoir un lieu d'origine aussi éloigné. Leurs angles émoussés ou à peine arrondis, témoignent donc à la fois et du transport lui-même et de l'étendue relativement faible de ce transport.

La composition des blocs et des cailloux des alluvions lyonnaises comparée à celle des roches des divers points de la région, de même que l'état topographique actuel, montrent que le courant alluvial est venu de l'ouest.

Les géologues qui se sont occupés jusqu'ici des alluvions provenant des chaînes de notre région, Fournet, Drian, Scipion Gras, etc., et plus récemment MM. Falsan et Chantre, ont étudié spécialement les alluvions de la vallée de l'Azergues, des vallées affluentes et les alluvions de la vallée du Gier. Mais, à ce point de vue, le plateau lyonnais qui s'étend, comme je l'ai dit en commençant, entre les vallées de l'Azergues et du Gier, a été négligé. Il n'y a là rien de surprenant, à cause de l'absence à peu près complète d'affleurements naturels ou artificiels d'alluvions dans toute cette région, avant l'établissement de la ligne de Vaugneray.

Scipion Gras (2), cependant, cite sur la partie méridionale du plateau, entre la grande route de Lyon à Saint-Etienne et une ligne passant par les villages de Saint-Martin-de-Cornas et de Chassagny, des alluvions dont l'épaisseur est en général inférieure à un mètre, et dont la composition est analogue à celle de nos alluvions lyonnaises. Il ajoute, sans indication précise de gisement, qu'elles s'étendent entre le Gier et le Garon.

Les alluvions du bassin de l'Azergues sont certainement, de toutes les alluvions provenant des chaînes lyonnaises et beaujo-

(1) *Étude synthétiques de géologie expérimentale*, p. 250.
(2) *Comparaison chronologique des terrains quaternaires de l'Alsace avec ceux de la vallée du Rhône (Bull. de la Soc. géolog.*, 2ᵉ sér., t. XV [1857], p. 155).

laises, celles qui ont été le plus étudiées. Dans leur belle *Monographie géologique des anciens glaciers de la partie moyenne du bassin du Rhône*, MM. Falsan et Chantre (1) résument et complètent ce qui en a été dit avant eux par les géologues que j'ai cités, en même temps qu'ils en donnent la composition.

Il est un certain nombre de roches, telles que les calcaires, les schistes amphiboliques et chloriteux, les mélaphyres, etc., qu'il m'a été impossible de trouver dans les alluvions lyonnaises de la Patellière et qui abondent dans les alluvions de l'Azergues. Ces roches, comme on le sait, manquent absolument dans le revers Est de la chaîne d'Yzeron et dans le plateau lyonnais. Les porphyres, très rares à la Patellière, sauf le porphyre granitoïde de cette localité sont, au contraire, très communs dans les alluvions de l'Azergues. N'est-ce pas une preuve que celles-ci ne se sont pas répandues dans le bassin de l'Yzeron ? Mais quelle en est la cause? Quelle digue a contraint ces alluvions à se déverser dans la direction de l'Est, sans se répandre sur notre plateau, et à s'écouler ainsi au nord du massif du Mont–d'Or et de ses dépendances ?

MM. Falsan et Chantre nous en donnent la réponse dans leur savant ouvrage que je viens de citer, lorsqu'ils disent : « Le bourrelet de schiste et de gneiss qui unit la base du Mont–d'Or à celle de la chaîne d'Yzeron et qui se maintient à un niveau supérieur à celui que les alluvions anciennes ont pu atteindre, s'est opposé à l'écoulement des eaux de la Saône et de l'Azergues contre les montagnes du Lyonnais » (2). C'est à l'influence de l'altitude de la « dorsale de la Tour–de-Salvagny » qu'est due l'absence de mélange entre les alluvions du bassin de l'Azergues et celles du bassin de l'Yzeron.

Un autre gisement d'alluvions dont les cailloux sont constitués par les roches de la région, gisement plus avancé vers l'Est, est connu de tous les géologues lyonnais : ce sont les Étroits.

Sur le quai des Étroits (3), en effet, aux portes de Lyon, se

(1) *Op. cit.*, t. I, p. 384 et 418; t. II, p. 73 et 396.
(2) Falsan et Chantre, *op. cit.*, t. II, p. 563.
(3) Entre les numéros 22 et 23.

dresse un escarpement étroit aujourd'hui, mais plus étendu autrefois, avant que diverses constructions ne l'eussent masqué. A la
base, sur une hauteur de 8 à 10 mètres, on trouve un sable grossier, argileux, granitique, d'un gris plus ou moins verdâtre ou
rougeâtre, renfermant des cailloux assez mal roulés de quartz
anguleux, de gneiss ordinaire et granulitique, de granite, de granulite, de porphyre granitoïde, etc. Ce sont bien des alluvions
lyonnaises. Toutes les roches qu'on y trouve sont représentées
dans le dépôt inférieur de la tranchée de la Patellière.

Les alluvions lyonnaises des Étroits ne renferment aucune des
roches spéciales aux alluvions de la Saône et de l'Azergues. On ne
peut donc invoquer leur formation aux dépens d'un courant
alluvial N.-S. qui aurait reçu, dans la plaine située au nord de
Saint-Germain-au-Mont-d'Or, les alluvions du bassin de l'Azergues.
Dans cette hypothèse, le dépôt des Étroits ne serait qu'un simple
placage. Il faut forcément admettre que le courant qui les a
déposées est venu de l'ouest. Seule cette hypothèse ne soulève pas
d'objection. Sur ce dépôt, se montrent des alluvions alpines semblables en tous points à celles de la plaine de la Demi-Lune. Tout
porte à croire que c'est un placage, lambeau d'une terrasse du
Rhône quaternaire, adossé aux formations plus anciennes constituant la masse de la colline de Sainte-Foy.

Les alluvions inférieures des Étroits ont été signalées pour la
première fois, en 1838, par Leymerie (1) qui les regarda comme
une preuve de l'action des eaux sur les roches du pays, antérieurement au dépôt du diluvium alpin.

Presque à la même époque, dans son *Premier mémoire sur
les sources des environs de Lyon*, Fournet s'en occupa. Il reconnut
l'existence d'un vallon sous-jacent formé par les roches primordiales, s'étendant de la Mulatière au pont du Change et à Pierre-
Scize. « Son remplissage, ajoute-t-il, jusqu'à une certaine hauteur,
par des débris provenant évidemment des montagnes lyonnaises et

____

(1) *Sur le diluvium alpin du département du Rhône (Bulletin de la Société
géologique de France*, 1re sér., t. IX, p. 112).

sa position sur le prolongement de l'axe du bassin de l'Yzeron, peut faire admettre qu'il n'est autre chose que l'ancienne embouchure de cette rivière, ou plutôt d'un cours d'eau correspondant dont l'existence remonte au delà de la période tertiaire qui a vu se déposer les conglomérats lacustres supérieurs (1). » Le savant professeur eût été certainement plus affirmatif, s'il eût connu dans le bassin de l'Yzeron un gisement d'alluvions lyonnaises analogue à celui de la Patellière.

Dans un mémoire resté inédit, Drian (2) a donné une coupe transversale, passant par les Étroits, de la colline de Sainte-Foy. Il y distingue sous le nom de *dépôt inférieur* les alluvions lyonnaises surmontées par les *dépôts supérieurs* ou alluvions alpines au-dessus desquelles est un dépôt de gros blocs représentant le terrain erratique. Cet ensemble repose sur le gneiss dont la surface va s'abaissant vers la Saône.

Plus tard, dans un autre travail (3), le même géologue parla du dépôt inférieur des Étroits en reproduisant les idées de son maître Fournet, et en considérant ce dépôt comme un accident purement local ne se montrant qu'aux Étroits.

Le percement du tunnel de Saint-Irénée révéla, comme je l'ai dit plus haut, au-dessus du gneiss, un sable granitique grossier, renfermant dans sa partie inférieure des fragments de gneiss et de granite. L'ingénieur Delaval, à la suite du professeur Fournet, assimila, sous le nom de *terrain local*, cette formation aux alluvions lyonnaises des Étroits, rangeant, comme on l'a vu, dans la mollasse marine l'assise sableuse qui s'étend au-dessus (4).

Telle cependant n'avait pas toujours été l'opinion de Fournet. En effet, dans une coupe théorique de la superposition des diluviums des environs de Lyon, coupe publiée par Ed. Collomb un an environ avant les sondages pour le percement du tunnel, on cons-

---

(1) *Annales de la Société d'agriculture de Lyon*, 1re sér., t. II (1839). p. 191.

(2) *Essai sur la géologie de la partie méridionale du département du Rhône*, 1838 *(op. cit.)*.

(3) Drian. *Minéralogie et pétralogie*, 1848 *(op. cit.*, p. 491 et 494).

(4) Delaval, *op. cit.* (1856) *(Bulletin de la Société de l'industrie minérale*, t. I, p. 353).

tate que Fournet plaçait le conglomérat local de cailloux lyonnais
sur la mollasse (1). L'opinion du savant professeur, on vient de
le voir, ne tarda pas à se modifier et la nature qu'il crut reconnaître aux terrains traversés par le forage des puits du tunnel de
Saint-Irénée, fut certainement la cause qui le maintint irrévocable-
ment dans sa nouvelle manière de voir.

Dans leur *Monographie géologique du Mont-d'Or lyonnais
et de ses dépendances*, MM. Falsan et Locard assimilèrent aux
alluvions inférieures des Étroits un conglomérat de roches locales
qu'ils avaient trouvé au Vernay. Le regardant comme d'origine
marine, ils le rangèrent dans le miocène, au-dessous de la mollasse de Saint-Fons (2). Il ne pouvait en être autrement puis-
que les alluvions alpines étaient alors classées dans la mollasse
miocène.

Peu après, M. Falsan, ayant réuni les premiers matériaux de
son remarquable ouvrage sur les anciens glaciers du bassin du
Rhône, fit paraître, dans les *Archives des sciences physiques et
naturelles de la bibliothèque universelle de Genève*, une note
où il manifesta des idées bien différentes. Les alluvions lyonnaises
des Étroits lui semblaient avoir été charriées par les glaciers du
Lyonnais pendant que le glacier du Rhône avançait en face (3). L.
provenance des cailloux de ce dépôt était ainsi nettement indiquée.
Mais l'assimilation de ces alluvions à une moraine recouverte par
le terrain erratique alpin, lors de la plus grande extension du
glacier du Rhône, me semble assez difficile à justifier.

Quelques années plus tard, la découverte du gisement de « mollasse fossilifère » de Gorge-de-Loup ramena M. Falsan à sa
première opinion. Cette mollasse repose sur « une espèce de
brèche constituée par des fragments décomposés de gneiss ou de

---

(1) Collomb, *Sur les blocs erratiques et les galets rayés des environs de Lyon*
(*Bulletin de la Société géologique de France*, 2e sér , t. IX [1852], p. 242).

(2) Falsan et Locard. *Monographie géologique du Mont-d'Or* (*op. cit.*, 1866,
p. 316).

(3) Falsan, *Note sur une carte du terrain erratique de la partie moyenne du
bassin du Rhône. dressée par MM. Falsan et Chantre* (*Archives de la bibliothèque
de Genève.* t. XXXVIII [1870]. p. 130.

granite » que l'auteur assimila aux alluvions inférieures des Étroits (1).

En 1880, MM. Falsan et Chantre firent paraître leur *Monographie géologique des anciens glaciers et du terrain erratique de la partie moyenne du bassin du Rhône*. Après avoir rappelé, dans cet ouvrage, l'opinion de Leymerie et de Fournet sur le « diluvium inférieur des Étroits », nos savants géologues ajoutent : « Nous avons montré cette coupe à M. Benoît. Ce géologue a admis avec nous que ce terrain faisait partie des anciennes alluvions glaciaires lyonnaises qui s'étaient étendues à l'Est à la rencontre des alluvions glaciaires alpines, pendant qu'elles s'avançaient en sens contraire. Ces deux alluvions avaient fini par se rejoindre et les alluvions des Alpes étant de plus en plus puissantes, avaient recouvert les alluvions lyonnaises (2). »

Dans une autre partie de l'ouvrage, la même idée se retrouve : « Les alluvions alpines, étant plus puissantes que les autres, ont dû les couvrir sur certains points, les refouler en quelque sorte, et s'avancer elles-mêmes jusqu'à une petite distance des chaînes de montagnes qui leur servaient de bassin d'alimentation (3). »

On ne peut être plus affirmatif sur l'origine des alluvions lyonnaises des Étroits et sur celles que l'on peut rencontrer plus à l'ouest sur le plateau lyonnais. De ces deux citations, il semblerait aisé de conclure que les deux systèmes d'alluvions alpines et lyonnaises, résultat du même phénomène, doivent appartenir à la même époque géologique.

Cette conclusion, cependant, MM. Falsan et Chantre ne l'ont pas formulée, empêchés qu'ils en étaient par l'interprétation de la coupe du tunnel de Saint-Irénée. En effet, si, à l'exemple de Fournet, on persiste à ranger dans la mollasse miocène les sables surmontant le *dépôt local* du tunnel, en admettant que ce dépôt corresponde à celui des Étroits, on pourrait avoir une raison pour tenter l'assi-

---

(1) Falsan, *Note sur la constitution géologique des collines de Loyasse*, etc. ; 1873 *(op. cit.*, p. 4).
(2) Falsan et Chantre, *op. cit.*, t. I, p. 295.
(3) *Ibid.*, t. II, p. 331.

milation des alluvions inférieures des Étroits au conglomérat inférieur de la mollasse marine du Bugey et d'ailleurs(1), et pour les regarder comme formées « dans une mer aux dépens des roches voisines » (2). Mais, s'il venait à être reconnu que l'assise sableuse du tunnel de Saint-Irénée n'est pas la vraie mollasse miocène en place, mais un sable plus ou moins agglutiné dépendant du système des alluvions alpines, la coupe serait analogue à celle des Étroits.

Cette dernière hypothèse qui résoudrait si bien la difficulté et contre laquelle je ne crois pas qu'on puisse élever d'impossibilités, je l'admettrais pleinement si je ne jugeais plus prudent, dans l'état actuel des choses, de réserver la question, pour les motifs déjà indiqués. De nouvelles coupes, impossibles pour le moment, peuvent seules permettre le classement définitif des assises du tunnel de Saint-Irénée.

Parmi ces dernières, il en est une cependant sur laquelle je veux encore dire quelques mots : c'est la plus inférieure, celle qui a été désignée sous le nom de terrain local et qui repose sur le gneiss. Son assimilation aux alluvions lyonnaises des Étroits est-elle justifiée ? Font-elles partie d'une même nappe ?

L'examen de la coupe du tunnel donnée par M. Falsan nous montre, du côté de la Saône, la partie supérieure du dépôt de cailloux locaux s'élevant à 15 mètres au-dessus du niveau de la voie laquelle est à 8 mètres environ au-dessus du qua des Étroits. Le dépôt se montre encore au-dessous de la voie. 800 mètres séparent la tête du tunnel du seul affleurement visible maintenant sur le quai des Étroits. Le gisement des Étroits était autrefois plus étendu. L'affleurement sur lequel s'étaient plus particulièrement concentrées les observations de Fournet, est plus rapproché du tunnel de Saint-Irénée ; il en est distant de 500 mètres (3). Un mur de soutènement le cache aujourd'hui.

Il n'est pas impossible que le dépôt inférieur du tunnel se rattache à celui des Étroits et fasse partie de la même nappe ; la faible dis-

(1) *Ibid.*, t. II, p. 27.
(2) *Ibid.*, t. 1, p. 455.
(3) Quai des Étroits, n° 14.

tance qui sépare ces deux gisements et leur même altitude sont des arguments en faveur de cette idée; mais, la certitude du fait ne pouvant se vérifier, mieux vaut encore réserver cette question. De plus, les géologues qui ont observé ce « terrain local » du tunnel, semblent n'y avoir apporté qu'un examen assez superficiel. La nature des cailloux qui entrent dans sa constitution, aurait dû être relevée avec le plus grand soin pour être comparée à celle des cailloux des Étroits et aux roches de la région. Des échantillons des principaux types auraient pu être conservés comme témoins. On comprend qu'aujourd'hui ce ne sont pas les expressions de « détritus granitiques » et de « débris de granite » qui peuvent justifier le rapprochement. Malgré tout l'intérêt de la question, une simple probabilité ne peut permettre d'asseoir solidement une opinion.

La partie inférieure de la gravière de M. Thozet, aux Grandes-Terres, montre, comme on l'a vu, un sable granitique grossier et argileux, verdâtre ou rougeâtre, renfermant quelques petits fragments de quartz, de pegmatite et de granulite. Il est très semblable, en un mot, à celui des alluvions des Étroits et de la tranchée de la Patellière. Ici encore le champ reste ouvert aux hypothèses. Si l'assimilation pouvait être justifiée, si ce sable granitique était le même que celui traversé 25 mètres plus bas par le puits n° 1 du tunnel, lequel puits touche la gravière Thozet, peut-être pourrait-on voir dans cette brusque dénivellation une preuve du ravinement transversal de la colline de Fourvière-Sainte-Foy et du plateau adossé! Ce ravinement serait l'œuvre du bras du Rhône, séparant en deux cette colline au commencement de l'époque quaternaire. L'obstruction de ce bras a formé la haute terrasse des Grandes-Terres et de Trion.

La vérification de cette hypothèse est impossible aujourd'hui; je l'indique sans m'y arrêter. De plus, dans cette région dont le substratum peu profond est formé par un gneiss plus ou moins altéré avec filons de roches granitiques, on doit aussi se tenir en garde contre les dépôts dus au ruissellement des eaux pluviales le long des pentes, pour ne pas s'exposer à les assimiler à de véritables dépôts d'alluvions.

La similitude de composition des alluvions inférieures des Étroits avec celles de la tranchée de la Patellière autorise-t-elle leur rapprochement?

J'ai dit plus haut que toutes les roches des Étroits sont représentées à la Patellière. La réciproque est vraie, au moins pour les principales. Dans les deux gisements, les cailloux sont anguleux et à angles plus ou moins émoussés, circonstance qui peut permettre de conclure à un transport sur une petite distance.

L'intervalle qui sépare la Patellière des Étroits (1) n'a pas offert jusqu'ici de dépôts pouvant être rapportés aux alluvions lyonnaises. Aucun n'y a encore été signalé; mes explorations, sur ce point, ont été infructueuses. A la bordure occidentale du plateau du Point-du-Jour, au-dessus de la plaine de la Demi-Lune et de l'étroite vallée de Francheville, les trois ou quatre points où se montre la surface supérieure du gneiss, ne présentent au-dessus que les alluvions alpines pliocènes, sans interposition, quelque minime soit-elle, d'alluvions lyonnaises. La figure 3 de la planche en est un exemple.

Mais, s'ensuit-il de là qu'autrefois la continuité entre les alluvions lyonnaises de la Patellière et celles des Étroits ait été impossible, et qu'on ne puisse attribuer aux érosions de l'ancien Rhône la disparition des témoins qu'on recherche en vain aujourd'hui? — Je ne le crois pas. Si le caractère tiré de la continuité nous fait défaut, il me semble que ceux qui nous sont offerts par la structure et la composition suffisent pour admettre, avec les plus grandes probabilités, que les alluvions lyonnaises des Étroits sont le prolongement de celles de la tranchée de la Patellière et sont du même âge qu'elles (2).

C'est cet âge qu'il me reste à établir.

(1) 5 kilomètres, environ, à vol d'oiseau.

(2) Dans cette hypothèse, il faut forcément admettre que la vallée du Rhône, à l'époque de la formation du dépôt inférieur des Étroits, était creusée à peu près à la la même profondeur qu'aujourd'hui. Comblée partiellement plus tard, cette vallée fut ultérieurement recreusée. — Cette idée est conforme à celle exprimée par M. l'ingénieur Delafond dans une récente *Note sur les alluvions anciennes de la Bresse et des Dombes (Bulletin de la Société géologique de France*, 3e sér., t. XV, 1886, p. 65).

Les gisements observables d'alluvions lyonnaises sont, comme je l'ai déjà dit, des plus rares sur le plateau lyonnais (1) ; l'ouverture de la tranchée de la Patellière est venue très heureusement en révéler une excellente coupe. Cette coupe (2) comprend de haut en bas :

Terre végétale remplie de quartzites.	0ᵐ,70
Alluvions alpines.	3ᵐ,30
Mélange d'alluvions alpines et lyonnaises.	2ᵐ,80
Alluvions lyonnaises, visibles sur.	3ᵐ,40

Les alluvions alpines, par leurs caractères comme par leur situation, appartiennent aux alluvions pliocènes des plateaux. Au delà de la Tourette, dernier point où notre ligne rencontre ces alluvions, on peut constater qu'elles sont remplacées par les alluvions lyonnaises qui s'étendent sur les plateaux et occupent ainsi la même situation topographique (3). Aucun accident de relief ne révèle la ligne de contact des deux systèmes d'alluvions,

La limite de l'extension maxima à l'ouest des alluvions alpines, suivie et observée par le professeur Leymerie pendant son séjour à Lyon, a été tracée par lui sur une carte restée inédite (4). Plus tard, cette limite a été vérifiée par M. Falsan et M. le docteur Magnin (5). A l'ouest de cette limite, tous les dépôts d'alluvions conservés sur les plateaux, appartiennent exclusivement aux alluvions lyonnaises, lesquelles font suite parfaite aux alluvions alpines.

L'intime association des alluvions lyonnaises aux alluvions alpines, comme l'indique leur mélange sur plusieurs mètres de hauteur, et surtout l'identité de situation topographique de ces

(1) Au-dessus et à l'ouest de Tassin, à la partie supérieure du promontoire s'avançant au confluent des ruisseaux de Charbonnières et de Saint-Genis, se trouve une exploitation assez importante de sable granitique grisâtre avec quelques cailloux anguleux de quartz et autres roches du bassin de l'Yzeron. Ce sable est recouvert par les alluvions alpines pliocènes.

(2) Planche, figure 2.

(3) D'autres dépôts d'alluvions lyonnaises s'observent entre Craponne et Malataverne, à des altitudes comprises entre 280 et 300 mètres.

(4) Falsan et Chantre, *Anciens glaciers (op. cit.*, t. II, p. 330).

(5) *Ibid.*, t. I, p. 284 à 308.

deux systèmes d'alluvions me semblent des caractères suffisants pour justifier leur similitude d'âge. En conséquence, les alluvions lyonnaises de la tranchée de la Patellière doivent être regardées comme appartenant aux alluvions pliocènes des plateaux (1). La position de ce dépôt par rapport au ruisseau d'Yzeron et sa composition semblable à celle des alluvions actuelles de ce ruisseau, autorisent à le considérer comme un lambeau des alluvions déposées par l'Yzeron pliocène.

Les alluvions lyonnaises des plateaux, dans la tranchée de la Patellière comme dans tous les gisements où se présentent les deux systèmes d'alluvions, sont inférieures aux alluvions alpines des plateaux. Si cette position invariable indique que dans chacun de ces gisements le dépôt des premières a été antérieur à celui des secondes, elle n'implique pas pour cela l'obligation de placer celles-ci au-dessus de celles-là dans l'échelle géologique. Ce serait à mon avis une exagération. En considérant, en effet, l'ensemble de cette vaste formation alluviale, on voit sans peine que l'on est en présence de deux systèmes d'alluvions, effets d'une même cause à la même époque géologique. Ce sont deux faciès d'une même formation, deux systèmes que l'on est en droit de regarder comme parallèles (2).

On me permettra d'esquisser à grands traits la reconstruction hypothétique des faits qui ont pu se produire dans notre région pendant le dépôt de nos alluvions anciennes.

Lorsque le Rhône, vers la fin de l'époque pliocène, comblait sa vallée (3), la région lyonnaise devait subir l'influence des mêmes

(1) Des dépôts analogues, occupant des situations identiques, ont été observés par M. Delafond dans l'Autunois, le Charollais, la Bresse, le Beaujolais, etc. Ils ont été synchronisés par ce savant géologue, avec les alluvions alpines des plateaux et rangés dans le pliocène supérieur (Delafond, *Observations sur le terrain tertiaire supérieur de Saône-et-Loire et des départements voisins ; Bulletin de la Société géologique,* 3ᵉ sér., t. VII, 1879, p. 930. — *Note sur les alluvions anciennes de la Bresse et des Dombes; op. cit.,* p. 65).

(2) L'assimilation des alluvions alpines pliocènes aux alluvions lyonnaises n'est peut-être exacte que pour la partie supérieure de celles-ci ; la partie inférieure pourrait être plus ancienne et correspondre à d'autres formations.

(3) Fontannes, *op. cit.*

phénomènes qui se manifestaient dans les Alpes. Les cours d'eau du plateau lyonnais, lesquels venaient d'une direction opposée à celle du Rhône, devaient aussi déposer dans leurs vallées pliocènes une nappe plus ou moins épaisse d'alluvions. L'apport alpin, plus considérable que l'apport lyonnais, en exhaussant le lit du Rhône pliocène, faisait avancer ce fleuve de plus en plus vers l'ouest. A un moment donné, les alluvions alpines envahirent le plateau lyonnais dont les cours d'eau possédaient déjà une couche assez épaisse d'alluvions lyonnaises. Le mélange des deux systèmes d'alluvions s'opérait d'abord; mais les alluvions alpines, en élevant davantage leur niveau, repoussaient de plus en plus vers l'ouest le confluent des cours d'eau des chaînes lyonnaises, en même temps qu'elles s'avançaient davantage dans cette direction.

Les alluvions lyonnaises des terrasses ne semblent pas avoir laissé de vestiges importants sur les flancs des vallées de notre plateau. Ces vallées sont généralement escarpées et étroites; elles montrent alors le gneiss plus ou moins dénudé. Dans les parties élargies, la végétation masque constamment le sous-sol. En plusieurs points, cependant, les chemins entament des dépôts peu épais, identiques aux alluvions lyonnaises et se montrant à tous les niveaux, depuis le sommet des plateaux jusqu'au fond des vallées. Les cours d'eau actuels, bien dégénérés de leur antique valeur, ont établi leur lit soit dans ces alluvions des vallées, soit dans la roche sous-jacente.

RÉSUMÉ

Cette étude géologique du plateau lyonnais, bien que sommaire et très incomplète, montre que cette région est loin d'être dépourvue d'intérêt. Les roches y sont des plus variées : gneiss ancien, gneiss à cordiérite, gneiss amphibolique, gneiss à grands cristaux, gneiss granulitique, gneiss granulitique à grands cristaux, schistes anciens, peut-être cambriens, avec leurs variétés dues à l'imprégnation du granite et de la granulite, granite normal et porphyroïde, granite à amphibole, granulite, pegmatite avec son cortège de minéraux, microgranulites, orthophyres et porphyrites très divers, avec types de passage entre ces deux sortes de roches et de chacune d'elles à la microgranulite, syénite, diorite, kersantite : telle est en résumé la constitution lithologique du plateau lyonnais.

Ce sont, comme on le voit, des roches cristallophylliennes, des roches schisteuses et des roches éruptives anciennes, c'est-à-dire dont l'apparition est antérieure à la période jurassique. Les roches éruptives récentes, c'est-à-dire celles dont l'apparition est postérieure à la période crétacée, comme les basaltes, trachytes, etc., ne sont pas représentées dans nos environs.

Si nous examinons les alluvions, nous y trouvons un intérêt non moins varié, tant sous le rapport de l'âge de ces dépôts que sous celui du lieu d'origine des matériaux qui les composent.

Alluvions d'origine alpine, alluvions locales provenant de la chaîne d'Yzeron : ce sont les deux systèmes d'alluvions recouvrant notre plateau.

Ces alluvions locales ou lyonnaises, dont la production ne peut être attribuée qu'aux mêmes phénomènes auxquels sont dues les alluvions alpines, peuvent, comme celles-ci, se diviser en alluvions pliocènes des plateaux et alluvions quaternaires des terrasses et des vallées. C'est un faciès local de cette vaste formation de transport qui, dans le bassin du Rhône, a débuté à la fin des temps tertiaires et se continue encore de nos jours (1).

(1) J'ai fait don aux collections du laboratoire de géologie de la Faculté des sciences de Lyon, des échantillons constituant les pièces justificatives de ce travail.

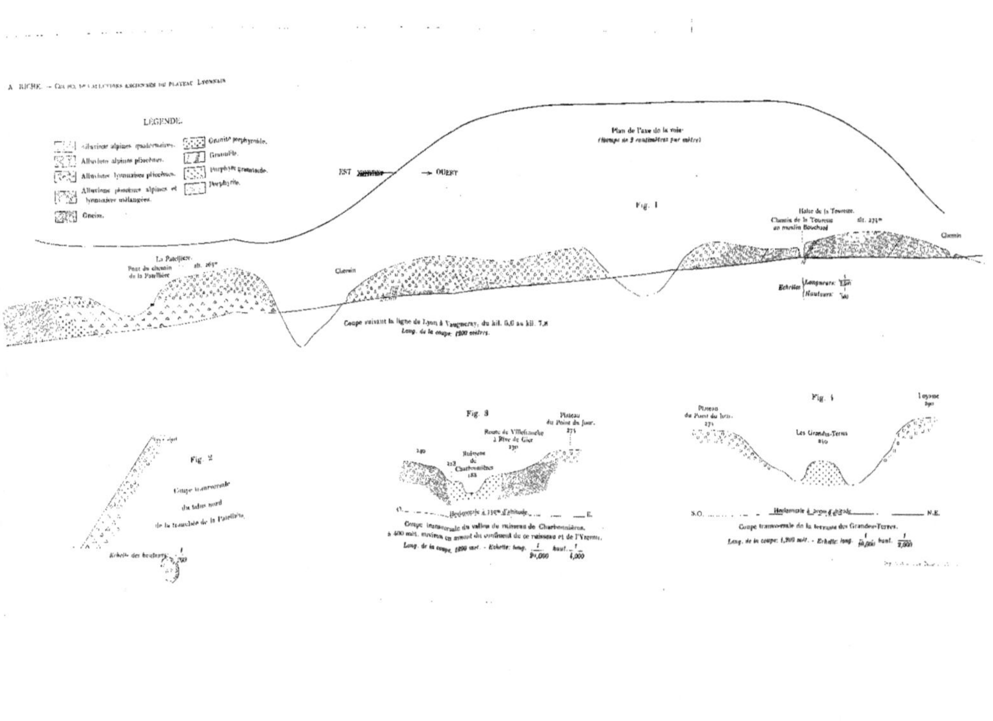

A. RICHE. — Coupe sur les alluvions anciennes du plateau Lyonnais
LÉGENDE
Alluvions alpines quaternaires.
Alluvions alpines pliocènes.
Alluvions lyonnaises pliocènes.
Alluvions pliocènes alpines et lyonnaises mélangées.
Gneiss.
Granite porphyroïde.
Granulite.
Porphyre granitoïde.
Porphyrite.
EST
OUEST
Plan de l'axe de la voie
(Rampe de 3 centimètres par mètre)
Fig. 1
Halte de la Tourette.
Chemin de la Tourette
au moulin Bouchard
alt. 275ᵐ
Chemin
La Patellière.
Pont du chemin
de la Patellière
alt. 265ᵐ
Chemin
Chemin
Échelles { Longueurs }
{ Hauteurs }
Coupe suivant la ligne de Lyon à Vaugneray, du kil. 6,6 au kil. 7,8
Long. de la coupe: 1200 mètres.
Fig. 2
Coupe transversale
du talus nord
de la tranchée de la Patellière.
Échelle des hauteurs
Fig. 3
Plateau
du Point du Jour.
275
Route de Villefranche
à Rive de Gier
230
240
Ruisseau
de
Charbonnières
183
O.
Horizontale à 130ᵐ d'altitude
E.
Coupe transversale du vallon du ruisseau de Charbonnières,
à 400 mèt. environ en amont du confluent de ce ruisseau et de l'Yzeron,
Long. de la coupe, 1800 mèt. - Échelle: long. 1/24,000 haut. 1/4,000
Fig. 4
Plateau
du Point du Jour.
275
Les Grandes-Terres
240
Yzeron
190
S.O.
Horizontale à 200ᵐ d'altitude
N.E.
Coupe transversale de la terrasse des Grandes-Terres.
Long. de la coupe: 1,900 mèt. - Échelle: long. 1/40,000 haut. 1/2,000

TABLE DES MATIÈRES

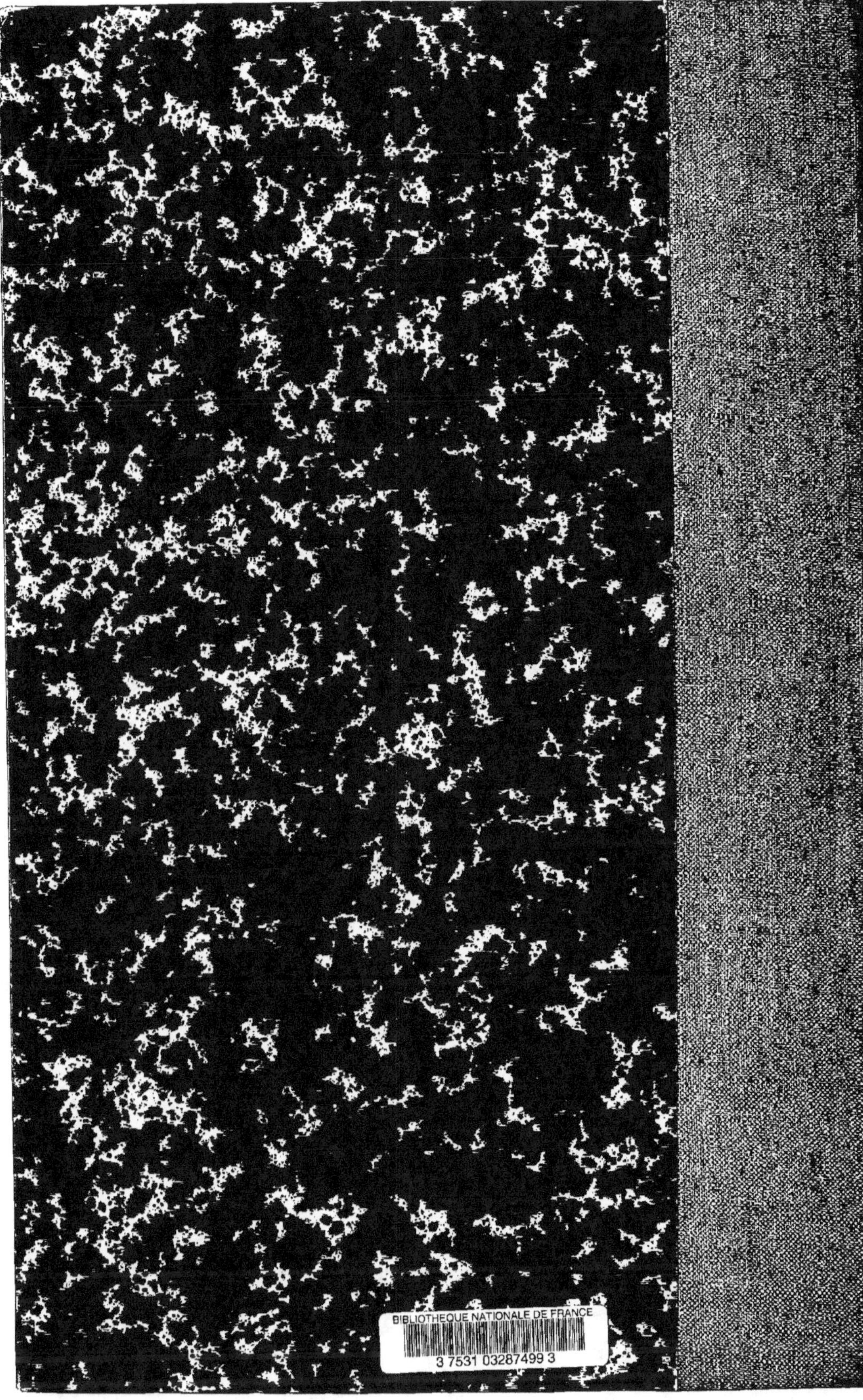